想要跟著 Y.J. Sarah 做娃娃服裝和配件

Y.J. Sarah

娃娃服裝裁縫工坊

·崔睿晋·

小時候，放在學校前面的文具店陳列架上，極具魅力的人形娃娃，我至今仍無法忘懷。以形形色色的衣服盡情地展現自我風采的娃娃，它們的模樣便足以讓小女孩的內心激動不已。每天一放學就跑去文具店前面站著，一邊看著娃娃，一邊作出天馬行空的想像，時間怎麼流逝的都不知道。

替娃娃梳頭髮、換衣服，和娃娃在一起的時光，令人感到無比的快樂。對我來說，把娃娃裝扮得漂漂亮亮的扮家家酒遊戲，就是簡樸的小確幸。慢悠悠地用生澀的縫紉手藝製作娃娃服裝，沉迷於微小的幸福之中，並在不知不覺間長大，成為製作娃娃服裝的大人。

第一次製作娃娃服裝的時候，關於布料、工具、副材料等，對所有東西都很生疏。雖然因此經歷了無數的失敗和錯誤，但是現在回過頭看，我認為正是因為那段時間的累積，才使專屬於我的獨家技巧得以完成。

這本書包含了許多專屬於「Y.J. Sarah」的色彩和獨家技巧，是我長久以來製作各種娃娃服裝，從人形娃娃到時尚娃娃、芭比、Neo Blythe 小布娃娃、韓國國產六分娃等，一點一滴累積起來的。由於書中收錄的服裝都是以少許的手縫和家用裁縫機製作而成的，因此只要會一點基礎裁縫，不管是誰都可以製作得出來。而且附有各式各樣的紙型，所以還可以應用於各種類型的服裝！

試著將上衣、領口、袖子、裙子等各自的紙型混合並搭配在一起。誕生出各式各樣的風格。請依照個人的喜好，用與眾不同的方法享受吧。無論想要製作多少件展現自我個性的服裝都可以。

我在製作娃娃服裝的時候，體會到一件事，就是集中精神製作某個東西，會帶來莫大的幸福及成就感。各位一定要感受看看這種喜悅。如此一來，小確幸將會充斥在日常生活中。

Y.J. Sarah 崔睿晉

Contents

PART 1
BASIC

PART 2
DRESS

Iris 洋裝的袖子改為蓬蓬袖的樣子。

左邊的娃娃是鄉村風洋裝的袖子和裙長變形的樣子。

PART

1

BASIC

我整理了一些開始製作娃娃服裝之前,必須要知道的內容。
藉由必備的材料、工具、基本縫紉法、刺繡法等,紮紮實實地練好基本功。
只要學會基本縫紉,任何人都能製作出想要的美麗服裝。

Basic 1

基本工具介紹

1 蕾絲
用來裝飾衣服。比較精細的部位，像是領口或袖子就用法國黎芭蕾絲（Leaver Lace），裙襬就用拉舍爾蕾絲（Raschel Lace）或鑲邊蕾絲（Torchon Lace）。

2 緞帶
緞帶有很多種寬度，如 2mm、4mm、7mm 等。裝飾衣服時會很需要它。

3 刺繡專用絲線
要在衣服上加入重點刺繡時使用。有法國 DMC 繡線、德國 ANCHOR 繡線或金屬線等。主要是把線分離成一股一股後再使用。

4 裁縫專用剪刀
按照紙型進行剪裁時使用。

5 反裡鉗
將袖子、褲子等翻面時使用。

6 紗線剪
縫紉或手縫結束之後，用來剪掉多餘的線。

7 拆線器（Ripper）
用來拆除縫錯的線。

8 錐子
衣服翻面之後，用來整理邊角。

9 鑷子
修改回針縫時，先用拆線器把線拆開，再利用鑷子把線夾除，這樣做相當方便。將短袖翻面時也很有用。

10 珠針（絲針）
用來固定布料。由於針又細又長，即使插著針也能進行縫製。

11 針插
用來插珠針、縫針等。

12 縫針
這是進行疏縫、斜針縫、回針縫等縫紉法時不可或缺的工具。

13 布料記號筆
請使用只要將布料沾水就能輕鬆去除的水消筆。布料顏色較深時請使用粉筆。

14 毛線縫針
針越粗，尖端就越圓越鈍。用來穿鬆緊帶相當方便。

15 暗釦
製作衣服門襟時使用。

16 珠珠
裝飾衣服門襟時使用。

17 防綻液
塗在布料的縫份上，避免邊緣脫線散開。一定要等它變乾，才能進行下一個步驟。

18 疏縫線
進行疏縫時使用。疏縫線搓捻得沒那麼緊密，而且比較柔軟，因此使用之後很容易拆除。

19 鬆緊帶
用於衣服的腰部、袖口、褲管。

20 黏著貼紙（膠帶）
黏合布料時使用。可用來黏合綁帶軟帽的布料，或者是處理縫份時，可用來代替回針縫。

21 捲尺
用來量測尺寸。

22 方格定規尺
用來繪製服裝紙型。

Basic 2

布料種類

棉布

棉質布料依照支數可分為 60 支、80 支、100 支，數字越大厚度越薄。娃娃服裝適合 60 支、80 支的布料。60 支棉布比較容易駕馭，而且因為很薄，很適合用來突顯衣服的輪廓，可以製作成洋裝、夾克、褲子等，用途相當多元。經由水洗或徒手就能輕易抓出皺褶，因此在製作復古服裝的時候也相當有用。80 支棉布比 60 支棉布更薄更堅韌，而且因為透氣度佳，所以也會被用來製作精細的服裝或內襯。

平織布

最基本且最常用的平織布是指由緯紗（橫向放置的紗線）及經紗（縱向放置的紗線）一上一下互相交織而成的布料。娃娃服裝主要是使用厚度約為 40 支左右的布。多少會有點硬梆梆的感覺，越容易抓出稜角，就越適合在製作有挺度的褲子或外套的時候使用。

亞麻布

以麻類植物為原料的布料。透氣度佳，穿起來感覺涼爽，因此主要是用來當夏季服飾的布料。依照布料厚度可以製作成洋裝、外套、裙子等，用途相當多元。稍微用水洗一下就可以製造出自然的皺褶，最適合拿來製作自然風的服裝。

羊毛布

使用羊毛編織而成的布料，可用來製作外套、毛皮大衣、斗篷等。

超細纖維

加工收縮成比頭髮粗度的百分之一還要纖細的人造纖維，一般是指聚酯纖維。製作娃娃的外套、斗篷、毛領等衣物時很好用。

網紗

織得像網子一樣稀疏。主要是用來當襯裙或內襯。

燈芯絨

表面有縱向突起條紋的布料。又稱為「條絨」。根據突起條紋的粗細而有不同的用途。用來當娃娃服裝的時候，適合使用條紋細的燈芯絨布料。可用來製作冬天的洋裝、外套、配件等。

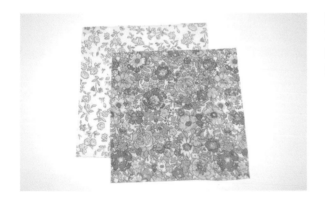

Lawn 細棉布

又稱為「Liberty 印花布」。以 60～100 支左右的細絲緊密地編織而成的平織布料。光澤度極佳，質地堅韌，由於懸垂性很好，所以是很適合用來製作洋裝的布料。

Basic 3

布紋方向

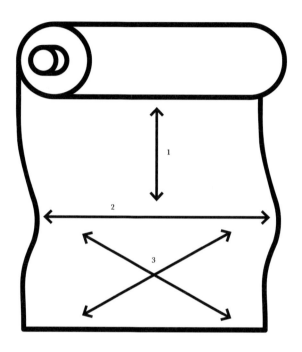

1 **直布紋**

以布料捲在上方為基準時，布料的縱向。順著此方向剪裁的布料不容易脫線散開，但是不好拉伸。製作服裝的時候，大部分都是以直布紋來繪製紙型。

2 **橫布紋**

以布料捲在上方為基準時，布料的橫向。順著此方向剪裁的布料很容易脫線散開，但是很好拉伸。

3 **斜布紋**

布料的對角線方向，順著此方向剪裁的布料不容易脫線散開，而且很好拉伸。製作荷葉邊或是替曲線區域收尾時，主要都是使用斜布紋。

Basic 4

基本針法

疏縫

在正式縫紉之前，為了暫時將布料固定而進行縫合的針法。正式縫紉完成之後，再將疏縫線拆除。

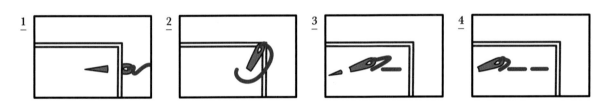

平針縫

一上一下來回縫合且縫線稀疏，是做出簡單的皺褶或添加縫合線時很常使用的針法。

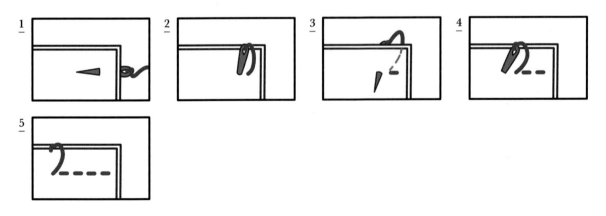

回針縫

想將布料縫合得很牢固時使用的針法，特徵是縫出來的縫線會形成一條直線的樣子。

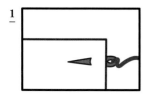
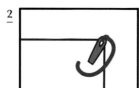
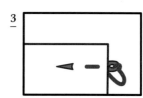
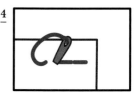

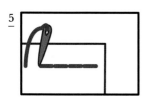

半回針縫

可以輕易地調整針距大小又可以縫合得很牢固的針法，必須是在表布上看不太到縫線的時候使用。主要是在衣服上添加蕾絲或皮帶時使用。

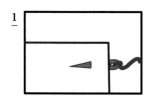
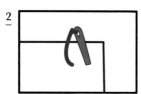
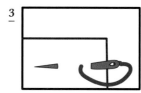
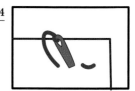

藏針縫

連接表布裡布的時候，為了避免縫線顯露出來而使用的針法。連接後門襟的表布和裡布時或縫合孔洞時相當有用。

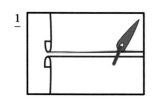
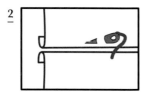
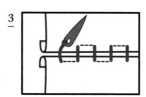

斜針縫

這個針法主要是在將衣服的縫份摺起來收尾的時候使用，請注意，盡量避免在表布上露出縫線。主要是在將上衣的裡布縫份摺起來收尾的時候使用。

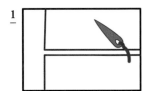

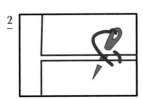

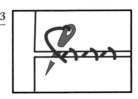

捲邊縫

這本來是為了不要讓橫布紋方向剪裁的布料脫線散開而使用的針法，但是製作娃娃服裝的時候，為了讓在腰部加入鬆緊帶的裙子、襯裙、襯褲的後門襟縫份不要翹起來而使用。

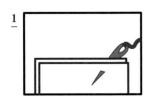

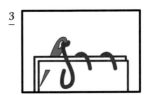

鎖鏈線環

這個針法是用來製作將門襟上的鈕釦或珠珠扣起來的線環，在製作皮帶環的時候也很有用。重複相同的步驟，製作出需要的長度之後，把線穿過布料再打個結就完成了。

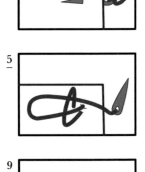

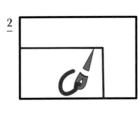

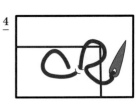

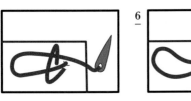

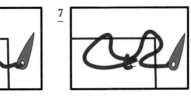

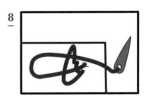

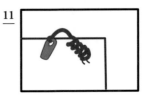

Basic 5

基本刺繡

雛菊繡

想藉由比較簡單的刺繡呈現出小小花瓣的時候使用。在簡樸的衣服上，儘管只有繡上一個小小的雛菊繡，也能成為美麗的亮點。

鎖鏈繡

如同其名，就是長得像鎖鏈的刺繡，可以繡在娃娃服裝的領口、袖口、裙襬等。

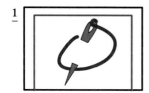

羽毛繡

可以應用成羽毛狀或樹葉狀的刺繡。以斜線的方式上下交叉繡，可以增添衣服的華麗度。

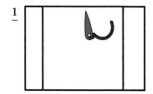

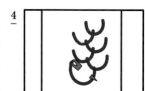

Basic 6

製造皺褶

製造裙子和袖子的皺褶

在完成線的上下各縫一條平針縫線。兩條平針縫線的距離 5mm，如果是裙子，針距 4mm 為宜；如果是袖子，針距 2.5mm 為宜。縫出需要的長度之後，只將上縫線往兩邊拉扯，製造出皺褶。請注意，開頭和結尾都不需要倒退做回針。

製造裙子的皺褶

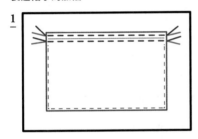

製造袖子的皺褶

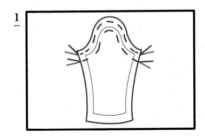

TIP 必須要縫兩條平針縫線才能製造出均勻的皺褶，而且可以避免皺褶往某一邊集中。
將袖子的袖山弧線縫合到上衣的時候，先縫到袖山的中心位置並將針插著，在針插著的狀態下，抬起壓布腳，將布料重新整理好，放下壓布腳，然後繼續縫合。

製造蕾絲的皺褶

在蕾絲的平邊縫兩條平針縫線，針距 2.5mm，兩條平針縫線的距離是 2〜3mm。縫出需要的長度
之後，只將上縫線往兩邊拉扯，製造出皺褶。

TIP 由於蕾絲又薄又細，進行縫紉的時候，蕾絲可能會被捲進裁縫機裡。如果是家用裁縫機，只要將針
的位置移動到最左邊再進行縫紉，就能防止蕾絲被捲進裁縫機裡。也可以在蕾絲下方鋪墊一張薄紙，並
隨著蕾絲一起進行縫紉，縫完再把紙撕除。

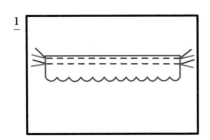 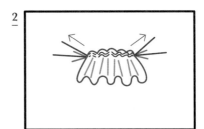

製造自然的裙子皺褶

這是想要製作既自然又復古的衣服時，需要事先知道的小妙招。衣服製作完成之後，用噴霧器將
水均勻地噴灑在裙子上。抓住濕裙子的上下兩邊，然後進行扭轉，像是要把它擰乾一樣，這樣就
能製造出皺褶。

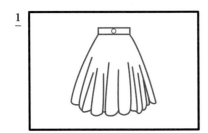  

蕾絲染色

自然的染色秘訣就是紅茶。

比起直接使用白色的蕾絲，使用以紅茶染過色的蕾絲，衣服會變得更加美麗。

想要製作既自然又復古的衣服時，請試著將蕾絲進行染色看看。

Before　　　　　After

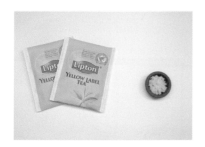

1 準備兩個紅茶茶包和一茶匙的鹽。
加入鹽可以使染色維持很久，而且
可以使顏色更加鮮明。

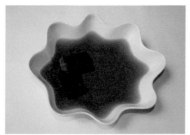

2 盛裝 400ml 溫度約 90 度的水，將
茶包和鹽加入水裡，浸泡約三分鐘
後，將茶包拿起來。比起用沸水浸
泡，這樣做可以得到更自然的顏
色。

TIP 一定要把茶包拿起來之後再進行
染色。如果茶包碰到衣服或蕾絲，有
可能會留下污漬。

3 將蕾絲（約 10yd）放入紅茶中，
浸泡大約 30 分鐘。為了讓顏色染
得很均勻，每隔一段時間就要翻
面，大約翻 2～3 次。用清水將蕾
絲沖洗乾淨，然後放置在陰涼處晾
乾，這樣就完成了。

TIP 如果想要染成深一點的顏色，請
將紅茶茶包放入沸水中，並且稍微浸
泡久一點再進行染色。

娃娃尺寸表

S 尺寸的娃娃

(單位：cm)

		身高	胸圍	腰圍	臀圍	頭圍	手臂長
Kuku Clara		20.5	8.5	5.6	10	12	5.8
Kkotji		20	8.2	6.5	9.3	11.5	5.8
Cosette	大	21	8.5	7	9.5	11.5	6.4
	小	20	8.5	7.3	10	11.5	6.4
Momo		20	8.2	6.2	9	12.5	5.2

＊Momo 的手臂比其他娃娃短，因此長袖衣服的紙型要稍微修短一點再使用。

M 尺寸的娃娃

(單位：cm)

	身高	胸圍	腰圍	臀圍	頭圍	手臂長
Neo Blythe	28.5	10.5	7.2	10	27	6.4

＊也適用於各種尺寸相似的娃娃。

＊由於尺寸皆為直接量測，可能會有細微的誤差。

Kuku Clara	Cosette
Instagram https://Instagram.com/kukuclara **Blog** http://blog.naver.com/kukuclara	**Instagram** https://instagram.com/doll_chicabi **Blog** http://blog.naver.com/petitechica2
Kkotji	**Momo**
Instagram https://instagram.com/jjorori_art **Blog** http://blog.naver.com/shoking18	**Instagram** https://instagram.com/iroadoll **Blog** http://blog.naver.com/iroadoll
Neo Blythe	
http://www.blythedoll.com	

PART

2

DRESS

我要向大家介紹充滿 Y.J. Sarah 個人風格的服裝。
本章收錄了各式各樣的服裝,從小巧可愛的衣服到充滿復古氛圍的優雅服飾。
親手做出平常想穿的衣服,作為禮物送給娃娃吧。
正好適合 Kuku Clara、Kkotji、Cosette、Momo 等六分娃的 S 尺寸,
以及專屬 Neo Blythe 的 M 尺寸,全部都準備好囉!

極簡風洋裝套組

這是寬鬆舒適且帶有自然感的基本型洋裝。可以做各式各樣的層次搭配，活用度滿分。
依照布料的質感，一年四季都可以穿！雖然設計簡約的洋裝單穿也很漂亮，
但如果搭配推薦的斗篷和毛領，就能展現出完成度更高的整體造型。

原尺寸紙型 • p193

洋裝

·S 尺寸

| 布料：60 支亞麻布 |
| 網紗布料：6×6cm |
| 聚酯纖維帶（寬 4mm）：39cm |
| 暗釦（5mm）：2 對 |

·M 尺寸

| 布料：60 支亞麻布 |
| 網紗布料：8×8cm |
| 聚酯纖維帶（寬 4mm）：41cm |
| 暗釦（5mm）：2 對 |

斗篷

·S 尺寸

| 布料：羊毛（斗篷）、超細纖維（毛領）、60 支亞麻布（斗篷裡布、毛領裡布） |
| 毛球（直徑 1cm）：2 個 |
| 毛領綁帶（珍珠棉線）：8cm 2 條（不包含打結的部分） |
| 裝飾用極小珠珠：8 個 |
| 暗釦（5mm）：2 對 |

·M 尺寸

| 布料：羊毛（斗篷）、超細纖維（毛領）、60 支亞麻布（斗篷裡布、毛領裡布） |
| 毛球（直徑 1cm）：2 個 |
| 毛領綁帶（珍珠棉線）：9cm 2 條（不包含打結的部分） |
| 裝飾用極小珠珠：8 個 |
| 暗釦（5mm）：2 對 |

1 上衣按照紙型裁好之後，除了袖
襱、頸圍、腰圍以外，其他地方
的縫份都要塗上防綻液。

2 將上衣前片和上衣後片正面對正
面貼合，並縫合肩線。

3 將縫合後的肩線縫份朝兩邊分開
並燙平。

4 將網紗和上衣的正面貼合，並縫
合頸圍。

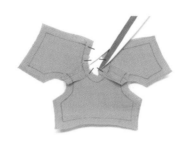

5 沿著頸圍縫份修剪網紗，接著再
將頸圍縫份剪開。

6 將網紗和頸圍縫份往內摺並燙
平，然後沿著頸圍縫合。

7 修剪網紗和頸圍縫份，只留下
3mm。

8 將後門襟縫份往內摺並燙平，然
後縫合。

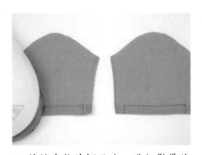

9 將袖底往外摺兩次，進行熨燙使
其固定。

每一針的長度是 2.5mm

10 在袖子的完成線上下各縫一條平針縫線，配合上衣的袖襱長度拉扯縫線，製造出皺褶。

11 將上衣和袖子的袖襱正面對正面貼合，在完成線往內 1～2mm 處用疏縫固定。

12 沿著完成線縫合袖襱，然後將皺褶線及疏縫線拆除。將縫份修剪成只留下 3mm，並塗上防綻液。另一邊袖子也用相同的方法進行縫製。

13 將上衣前片和上衣後片正面對正面貼合，用珠針固定之後進行縫合，再將腋下曲折區域的縫份剪開。

14 翻面並稍作整理。

15 將上衣的側縫縫份朝兩邊分開並燙平。

16 將裙襱縫份塗上防綻液，完全乾了之後，將縫份往內摺並燙平。

17 將裙襱縫份縫合之後，對齊標示線縫上薄的聚酯纖維帶。也可以縫上蕾絲。

18 將裙子的後門襟縫份往內摺並縫合。

每一針的長度是 4mm

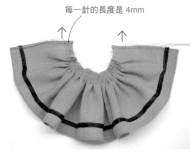

19 在裙子腰圍的完成線上下各縫一條平針縫線。配合上衣的腰圍長度拉扯縫線，製造出皺褶。

20 將裙子右側的縫份往內摺5mm，並用珠針固定，接著將上衣和裙子的腰圍正面對正面貼合，沿著完成線縫合，然後將皺褶線拆除。

21 將縫份修剪成只留下 3mm，並塗上防綻液。

22 將縫份往上衣那邊摺並燙平，然後在上衣和裙子的交界線正上方進行縫合。

23 將裙子的後門襟正面對正面貼合，用珠針固定之後進行縫合。

24 在上衣的後門襟縫上暗鈕，這樣就完成了。

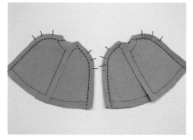

1 斗篷的裡布和表布按照紙型裁好
之後,各自將正面對正面貼合,
並縫合肩線,然後將肩膀的曲線
區域縫份剪開。

2 裡布和表布的縫份都朝兩邊分開
並燙平。

3 將裡布和表布正面對正面貼合並
用珠針固定,將開口以外的邊緣
縫合。將縫份稜角以斜線剪掉,
並將頸圍縫份剪開。

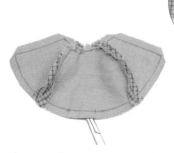

4 藉由開口處翻面後,進行熨燙。

5 用藏針縫縫合開口之後,再沿著
斗篷的邊緣繞一圈縫合。

6 斗篷前門襟片的裡布和表布按照
紙型裁好之後,將裡布和表布正
面對正面貼合,再把開口以外的
邊緣縫合。將頸圍縫份剪開,並
將縫份稜角以斜線剪掉。

7 藉由開口處翻面後,將縫份稍作
整理並進行熨燙。用藏針縫縫合
開口。

8 用珠針將前門襟片固定在標示於
斗篷右前片上的位置,然後將前
門襟片邊緣縫合。

9 在前門襟片縫上珠珠作為裝飾,
然後在斗篷左前片和前門襟片內
側縫上暗釦。

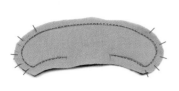

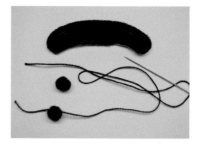

10 毛領的裡布和表布按照紙型裁好之後，將裡布和表布正面對正面貼合，再把開口以外的邊緣縫合。將曲線區域縫份剪開。

11 藉由開口處翻面並進行熨燙，然後用藏針縫縫合開口。

12 將珍珠棉線或粗線穿在針上，將線穿過毛球之後再打結。

13 毛領兩端各穿一條線，線穿過去之後再打結，這樣就完成了。

TIP 線加上毛球的長度，S 尺寸是 8cm、M 尺寸是 9cm，請調整好再打結。

Dress Look 2

插肩罩衫

無論是怎樣的造型都會很適合的基本款罩衫。試著用裙子或褲子做出各式各樣的搭配吧！
可以展現出既可愛又活潑的感覺。

原尺寸紙型●*p197*

·S 尺寸	布料：60 支棉布
	暗釦（5mm）：2 對
	裝飾用鈕釦（4mm）：2 個

·M 尺寸	布料：60 支棉布
	暗釦（5mm）：2 對
	裝飾用鈕釦（4mm）：2 個

1 按照紙型裁好之後,將所有縫份
  都塗上防綻液。

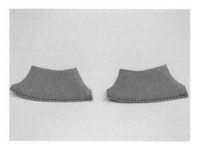

2 將袖底縫份往內摺並縫合。

3 將上衣後片的門襟縫份往內摺並
  縫合。

4 將上衣前片和兩邊袖子正面對正
  面貼合,並沿著完成線縫合。

5 將上衣後片和兩邊袖子也正面對
  正面貼合,並沿著完成線縫合。

6 將上衣和袖子縫合處的縫份剪
  開,剪2~3刀。

7 把縫份朝兩邊分開並燙平。

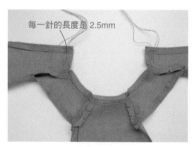

8 在頸圍的完成線上下各縫一條平
  針縫線。

9 將領口滾邊布的兩側縫份往內摺
  並燙平,上衣頸圍需配合領口滾
  邊布的長度拉扯縫線,製造出皺
  褶。

10 將領口滾邊布和上衣頸圍正面對正面貼合，用珠針固定之後縫合完成線。

11 將縫份修剪成只留下 3mm。

12 將領口滾邊布對摺，像要把縫份包覆起來那樣，然後進行熨燙使其固定。

13 沿著頸圍縫合。將上衣後片往前翻，使後片和前片正面對正面貼合，然後用珠針固定。

TIP 請在領口滾邊布正下方進行縫合。

14 將袖子和側縫縫合，並將腋下曲折區域的縫份剪開。

15 將上衣的側縫縫份朝兩邊分開並燙平，再將下襬的縫份往內摺並燙平。

16 將上衣的下襬縫合。

17 在後門襟縫上暗鈕。

18 在上衣前片領口縫上鈕釦或蝴蝶結作為裝飾。

吊帶裙

好像去到哪裡都能活蹦亂跳的裙子，具有朝氣蓬勃及小巧可愛的感覺。
可以和各式各樣的上衣做搭配，活用度極佳。

原尺寸紙型•p199

·S 尺寸	布料：60 支 Lawn 細棉布	·M 尺寸	布料：60 支 Lawn 細棉布
	吊帶（寬 3mm）：8cm 2 條		吊帶（寬 3mm）：10cm 2 條
	方形環（6×5mm）：2 個		方形環（6×5mm）：2 個
	暗釦（5mm）：1 對		暗釦（5mm）：1 對

1 按照紙型裁好之後，只有腰帶要塗上防綻液。

2 將裙子下襬摺起來縫合。
TIP 請利用滾邊壓布腳。

3 將裙子後門襟縫份往內摺並縫合。

每一針的長度是 4mm

4 為了製造出皺褶，請以裙子腰圍的完成線為中心，上下各縫一條平針縫線。

5 抓住上縫線，從兩邊拉扯，製造出均勻的皺褶。

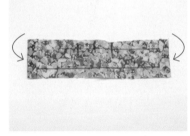

6 將腰帶的兩側縫份往內摺並燙平。

7 裙子皺褶配合腰帶的長度稍做微調，然後將腰帶和裙子的腰圍正面對正面貼合，用珠針固定，再將完成線縫合。這時候一定要將裙子左側縫份往內摺 5mm。

8 將縫份包覆好之後，進行熨燙使其固定，接著在腰帶正下方進行縫合。

9 將吊帶縫到既定的位置，在吊帶的前端穿入方形環或縫上鈕釦。

10 將裙子的後門襟正面對正面貼合，用珠針固定之後進行縫合。

11 在後門襟縫上暗釦，這樣就完成了。

迷迭香

立領及胸前滿滿的荷葉邊，是這款洋裝的亮點。袖長為 7～8 分袖，更增添了活潑感。
雖然是洋裝，但由於上下顏色不同，因此也能展現出各自以襯衫和裙子搭配的感覺。

原尺寸紙型 • *p201*

·**S 尺寸**　布料：60 支棉布、80 支棉布（裡布）

立領蕾絲（寬 1cm）：4.3cm

袖子蕾絲（寬 1cm）：14cm 2 條

裙子蕾絲（寬 1cm）：39cm

裝飾用極小珠珠：4 個

方形環（6×5mm）：1 個

腰帶（寬 3mm）＊材質可用棉、麂皮或聚酯纖維：11cm

緞帶蝴蝶結（寬 4mm）：1 個

門襟珠珠（2.5mm）：3 個

·**M 尺寸**　布料：60 支棉布、80 支棉布（裡布）

立領蕾絲（寬 1cm）：6.3cm

袖子蕾絲（寬 1cm）：15cm 2 條

裙子蕾絲（寬 1cm）：41cm

裝飾用極小珠珠：5 個

方形環（6×5mm）：1 個

腰帶（寬 3mm）＊材質可用棉、麂皮或聚酯纖維：12cm

緞帶蝴蝶結（寬 4mm）：1 個

門襟珠珠（2.5mm）：3 個

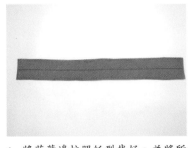

每一針的長度是 2.5mm

1 將荷葉邊按照紙型裁好，並將所有縫份塗上防綻液。

2 為了製造出皺褶，請在中心線上下各縫一條平針縫線。

3 拉扯縫線，製造出長度比上衣前片稍微長一些的荷葉邊皺褶。

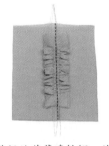

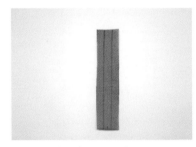

4 將準備好的荷葉邊皺褶，放在裁得比上衣前片還要大的布料中間，然後沿著完成線縫合固定。

5 將門襟片裁得比原定的大小再稍微大一些。

TIP 裁得大片一點比較好作業。

6 將門襟片的兩側縫份往內摺並燙平。

7 將門襟片縫到荷葉邊中間，縫上兩條縫合線，並將皺褶線拆除。

8 對齊上衣前片的中心線描繪出紙型，並剪裁出上衣前片，將胸口下方的尖褶摺好並縫合。

9 將上衣前片和上衣後片正面對正面貼合，並縫合肩線。

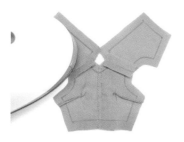

10 將縫份朝兩邊分開並燙平。

11 將袖子按照紙型裁好，並將袖底塗上防綻液。

TIP 袖底縫份只能留 3mm。

12 將袖底縫份往外摺並縫合。

每一針的長度是 2mm

13 為了在寬 1cm 的蕾絲邊緣（蕾絲的平邊）製造出皺褶，必須縫上兩條平針縫線。

14 配合袖底的長度拉扯縫線，製造出蕾絲的皺褶。

15 將做出皺摺的蕾絲縫到袖底的縫份上。

TIP 如果一針一針縫得太過密集，蕾絲有可能會破掉，需多加注意。

每一針的長度是 2.5mm

16 在袖山弧線的完成線上下各縫一條平針縫線，然後拉扯縫線，製造出皺褶。

17 將袖子和上衣的袖襱正面對正面貼合，在完成線往內 1～2mm 處用疏縫固定。

18 沿著完成線縫合袖襱，然後將皺褶線及疏縫線拆除。將縫份修剪成只留下 3mm，並塗上防綻液。另一邊袖子也用相同的方法進行縫製。

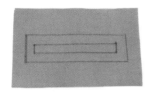
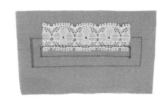
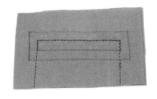

19 裁一塊比立領大小還大的布料，正反面皆描繪出立領紙型，而且要描繪在相同的位置。

20 將蕾絲縫到布料正面。這時候必須將蕾絲放置在完成線內 2mm 處。蕾絲的長度必須比立領的長度短，因此要將蕾絲兩側各剪掉 1mm。

21 將立領的表布和裡布正面對正面貼合，固定之後將立領的頸圍縫合。

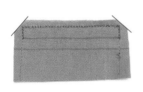

22 將立領的縫份修剪成只留下 3mm，並將縫份稜角以斜線剪掉。

23 翻面並仔細熨燙。

24 沿著立領的邊緣繞一圈縫合，並將多餘的縫份剪掉。

25 將上衣頸圍縫份剪開。

26 將上衣頸圍和立領正面對正面貼合，用珠針固定之後進行縫合。

27 上衣裡布按照紙型裁好之後，將袖襱縫份剪開，往內摺並縫合。胸口下方的尖褶也摺好並縫合，接著將頸圍縫份剪開。

28 將上衣表布和裡布正面對正面貼合，用珠針固定之後，再把後門襟和頸圍縫合。將頸圍縫份再剪開一次，並將縫份稜角以斜線剪掉。

TIP 後門襟只要縫到照片中標示虛線的位置就好。

29 將裡布的側縫正面對正面貼合，用珠針固定之後進行縫合。

30 將上衣前片和上衣後片正面對正面貼合，用珠針固定之後進行縫合。將縫份修剪成只留下3mm，並塗上防綻液，然後將腋下曲折區域的縫份剪開。

 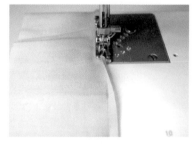 

31 翻面之後，將裡布和表布的側縫縫份朝兩邊分開並燙平。

32 裙子按照紙型裁好之後，將裙襬進行滾邊縫，或者在縫份塗上防綻液，接著將縫份往內摺並燙平，然後再進行縫合。

33 將寬1～1.5cm的蕾絲縫到標示的位置。

 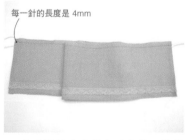 

每一針的長度是4mm

34 將裙子的後門襟縫份往內摺並縫合。

35 在腰圍的完成線上下各縫一條平針縫線。

36 配合上衣的腰圍長度拉扯縫線，製造出皺褶。

37 將上衣和裙子的腰圍正面對正面貼合，用珠針固定之後進行縫合。這時候裙子的後門襟要對齊縫份的兩端。將裙子的皺褶線拆除。

38 將縫份修剪成只留下 3mm。

39 將縫份往上衣那邊摺，然後從上衣的正面沿著腰圍縫合。

40 將腰帶穿入方形環。

> **TIP** 如果將腰帶的其中一邊剪成斜角，就會很容易穿入方形環。這時候就必須準備長度稍微長一些的腰帶喔！

41 將準備好的腰帶對齊腰圍，以半回針縫進行縫合固定。這時候為了不要讓腰帶上有太多縫線痕跡，只要稍微縫一下就好。

42 把剩餘的腰帶剪掉。

43 將上衣裡布和表布的後門襟縫份、腰圍的縫份稍作整理，用珠針固定之後，表裡布側縫用藏針縫、腰圍用斜針縫收尾。

44 將裡布的袖襱和表布的袖襱正面對正面貼合，用斜針縫縫合。請注意，不要在表布的正面顯露出縫線。

45 將後門襟縫合。

46 在前門襟片中間縫上蝴蝶結和珠珠作為裝飾。

47 將裙子的後門襟正面對正面貼合，用珠針固定之後進行縫合。

48 在上衣後門襟縫上珠珠和線環，這樣就完成了。

鳶尾花

在壓褶上加入刺繡，是一款突顯出精緻感的服裝。也很適合搭配綁帶軟帽。

請嘗試做出各種變化，改變袖子或領子的樣貌，或是調整裙子的長度等。這是一件可以無限變化的衣服。

原尺寸紙型 • *p205*

· **S 尺寸**		· **M 尺寸**	
布料：60 支棉布、80 支棉布（裡布）		布料：60 支棉布、80 支棉布（裡布）	
領子蕾絲（寬 0.8cm）：18cm		領子蕾絲（寬 0.8cm）：20cm	
胸前蕾絲（寬 5mm）：5cm 2 條		胸前蕾絲（寬 5mm）：6cm 2 條	
裙襬蕾絲（寬 1～1.5cm）：81cm		裙襬蕾絲（寬 1～1.5cm）：86cm	
繡線（DMC）：分離成一股一股後再使用		繡線（DMC）：分離成一股一股後再使用	
裝飾用極小珠珠：適量		裝飾用極小珠珠：適量	

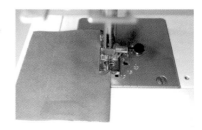

1 在裁得比上衣前片還要大的布料中間,畫出 5 條間距為 7mm 的縱向直線。

2 沿著最左邊的線往反面翻摺,然後燙平。
`TIP` 畫線的那面為正面。

3 將摺疊位置往內 1mm 處縫合。

4 將摺起來的布料攤開,並將縫合的部分朝左摺,然後燙平。

5 剩下的線皆以相同的方法反覆進行作業,製造出壓褶。

6 將胸口蕾絲縫到完成的壓褶兩側,然後描繪上衣前片紙型,縫上頸圍線及腰圍線使壓褶固定。
`TIP` 這時候,布料的正面和反面都要畫上紙型,這樣刺繡的位置和大小才容易調整!

7 在上衣前片的胸部區域繡上雛菊繡和鎖鏈繡作為裝飾,然後進行剪裁。

8 將上衣前片和上衣後片正面對正面貼合,並縫合肩線。

9 將縫份朝兩邊分開並燙平。

每一針的長度是 2.5mm

10 在裁得比袖子大小還要大的布料中心線上，利用裁縫機繡出蜂巢圖樣的刺繡。

TIP 也可以繡上其他圖樣或羽毛繡等刺繡。

11 將刺繡中心和袖子中心線對齊後，畫上紙型並剪裁，接著在袖底的完成線上下各縫一條平針縫線。

12 配合袖口的長度拉扯縫線，製造出皺褶。

每一針的長度是 2.5mm

13 將袖子和袖口正面對正面貼合，並縫合完成線，然後將縫份修剪成只留下 3mm。

14 將袖口翻摺兩次，像要把縫份包覆起來那樣，然後縫合。袖山弧線的完成線上下也各縫一條平針縫線，然後拉扯縫線，製造出皺褶。

15 將上衣和袖子的袖襱正面對正面貼合，在完成線往內 1～2mm 處用疏縫固定。

16 沿著完成線縫合袖襱，然後將皺褶線及疏縫線拆除。將縫份修剪成只留下 3mm，並塗上防綻液。另一邊袖子也用相同的方法進行縫製。

17 上衣裡布按照紙型裁好之後，將袖襱縫份剪開，往內摺並縫合，然後稍作整理。

18 將上衣表布和裡布正面對正面貼合，用珠針固定之後，將後門襟和頸圍縫合。將頸圍縫份剪開，並將縫份稜角以斜線剪掉。

TIP 後門襟只要縫到照片中標示虛線的位置就好。

19 翻成正面並燙平，然後稍作整理。

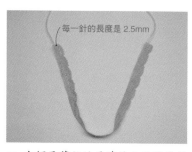

每一針的長度是 2.5mm

20 在領子蕾絲的平邊縫上兩條平針縫線。

21 拉扯縫線，製造出皺褶，接著對齊上衣頸圍，用疏縫固定之後進行縫合。

　TIP 如果一針一針縫得太過密集，蕾絲有可能會破掉，每一針的長度請以 2mm 來進行縫合。

22 將裡布的側縫正面對正面貼合，用珠針固定之後進行縫合。

23 將上衣前片和上衣後片正面對正面貼合，用珠針固定之後縫合側縫。將縫份修剪成只留下 3mm，並將腋下曲線區域的縫份剪開，然後塗上防綻液。

24 翻面之後，將裡布和表布的側縫縫份朝兩邊分開並燙平。

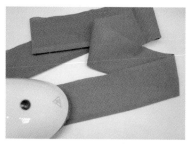

25 裙子下半部按照紙型裁好之後，將裙襬縫份往內摺並燙平。

26 將蕾絲縫到裙襬，蕾絲露出來的長度約 2～3mm。

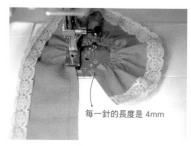

每一針的長度是 4mm

27 利用皺褶壓布腳在上緣縫份進行車縫，製造出皺褶。

　TIP 下線的張力越鬆，上線的張力越緊，皺褶就會越密集！

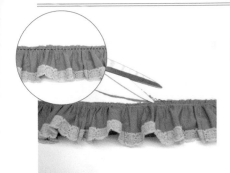

28 將裙子的上半部和做出皺褶的下半部，正面對正面貼合並縫合。將縫份修剪成只留下 3mm，並塗上防綻液。

29 將縫份往上半部那邊摺，然後從上半部的正面，壓著縫合。

30 將裙子的後門襟縫份往內摺並縫合。

每一針的長度是 4mm

31 在裙子的腰圍完成線上下各縫一條平針縫線。

32 拉扯縫線，製造出皺褶，接著用噴霧器噴水，噴個 2～3 次，然後抓住裙子的上下兩邊，像是要把它擰乾一樣扭緊，藉此製造出皺褶。

33 將上衣和裙子的腰圍正面對正面貼合，用珠針固定之後進行縫合。這時候裙子的後門襟要對齊縫份的兩端。將裙子的皺褶線拆除。

34 將縫份修剪成只留下 3mm。

35 將縫份往上衣那邊摺，然後從上衣的正面沿著腰圍縫合。

36 在上衣的刺繡周圍縫上珠珠作為裝飾。

37 將上衣裡布和表布的後門襟縫份、裡布的下襬縫份摺好並稍作整理，表裡布側縫用藏針縫、下襬用斜針縫收尾。

38 將裡布的袖襱和表布的袖襱正面對正面貼合，用斜針縫縫合。

TIP 請注意，不要在表布的正面顯露出縫線。

39 把上衣的後門襟縫份縫合。

40 將裙子的後門襟正面對正面貼合，用珠針固定之後進行縫合。在上衣後門襟縫上珠珠和線環，這樣就完成了。

Dress Look 6

復古泡泡袖高腰長洋裝

復古泡泡袖高腰長洋裝是英國攝政時代 1800～1830 年間的洋裝，具有仿照古希臘雕像服飾的古典風格。

特色是腰線高及裙幅窄，看起來會有又高又苗條的效果。

是一款可以展現出既簡約又優雅的氛圍的服裝。

原尺寸紙型・p209

・S 尺寸	布料：80 支棉布、60 支 Lawn 細棉布、 　　　80 支棉布（裡布）	・M 尺寸	布料：80 支棉布、60 支 Lawn 細棉布、 　　　80 支棉布（裡布）
	裝飾用緞帶（寬 2mm）：30cm		裝飾用緞帶（寬 2mm）：37cm
	繡線：金屬線或繡線		繡線：金屬線或繡線
	門襟珠珠（2.5mm）：2 個		門襟珠珠（2.5mm）：2 個

1 在裁得比上衣前片還要大的布料中間，畫出 5 條間距為 7mm 的縱向直線。

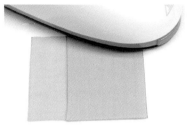

2 沿著最左邊的線往反面翻摺，然後燙平。

3 將摺疊位置往內 1mm 處縫合。

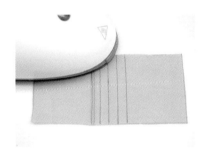

4 將摺起來的布料攤開，並將縫合的部分朝左摺，然後燙平。

5 剩下的線皆以相同的方法反覆進行作業，製造出壓褶。

6 對齊中心線並描繪出上衣前片紙型，然後縫上頸圍線及腰圍線使壓褶固定。

TIP 如果不縫合固定的話，壓褶有可能會散掉。

7 將上衣前片和上衣後片正面對正面貼合，並縫合肩線。

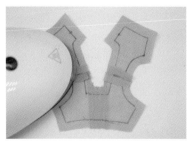

8 將縫份朝兩邊分開並燙平。

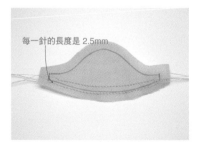

每一針的長度是 2.5mm

9 在袖底的完成線上下各縫一條平針縫線。

  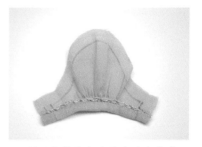

10 配合袖口的長度拉扯縫線，製造出皺褶，然後將袖口和袖子正面對正面貼合並縫合。再將縫份修剪成只留下 3mm。

11 將袖口翻摺兩次，像要把縫份包覆起來那樣，然後在袖口的正上方縫合。

12 利用金屬線或繡線在縫合處繡上鎖鏈繡。

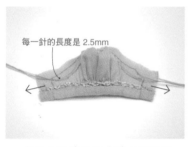  

每一針的長度是 2.5mm

13 在袖山弧線的完成線上下各縫一條平針縫線，然後拉扯縫線，製造出皺褶。

14 將袖子和上衣的袖襱正面對正面貼合，在完成線往內 1mm 處用疏縫固定。

15 沿著完成線縫合袖襱。將皺褶線及疏縫線拆除，然後將縫份修剪成只留下 3mm，並塗上防綻液。另一邊袖子也用相同的方法進行縫製。

 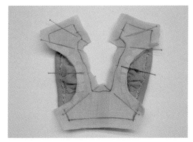 

16 上衣裡布按照紙型裁好之後，將袖襱縫份剪開，往內摺並縫合。

17 將上衣裡布和表布正面對正面貼合，用珠針固定。

18 將後門襟和頸圍縫合，然後將頸圍縫份剪開，並將縫份稜角以斜線剪掉。

TIP 後門襟只要縫到照片中標示虛線的位置就好。

19 翻成正面並燙平，然後稍作整理。

20 將裡布的側縫正面對正面貼合，用珠針固定之後進行縫合。

21 將上衣前片和上衣後片正面對正面貼合，用珠針固定之後縫合側縫。

22 將縫份修剪成只留下 3mm，並塗上防綻液，然後將腋下曲線區域的縫份剪開。

23 翻面之後，將裡布和表布的側縫縫份朝兩邊分開並燙平。

24 裙子按照紙型裁好之後，在布料正面畫上裙子的壓褶線。在裙子腰圍標示出中心線，並在中心線左右 1cm 處分別標出記號。

25 將裙襬縫份塗上防綻液，然後往內摺並縫合。

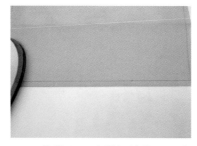

26 沿著最上面的壓褶線往反面翻摺，然後燙平。

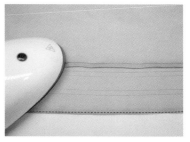

27 接下來，沿著線縫合壓褶線，將摺起來的布料攤開。將縫合的部分朝裙襬那邊摺，然後燙平。

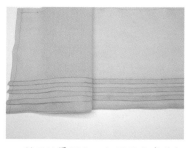

28 剩下的壓褶也以相同的方式進行
縫合，然後燙平。

29 將裙子的後門襟縫份往內摺並縫
合。

每一針的長度是 4mm

30 在裙子的腰圍完成線上下各縫一
條平針縫線。

31 拉扯縫線製造出皺褶，除了中心
線左右作記號的那 2cm 之外。

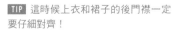

32 將上衣和裙子的腰圍正面對正面
貼合，用珠針固定之後進行縫
合。

TIP 這時候上衣和裙子的後門襟一定
要仔細對齊！

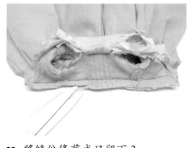

33 將縫份修剪成只留下 3mm。

34 將縫份往上衣那邊摺，然後從上
衣的正面沿著腰圍縫合。

35 將上衣裡布和表布的後門襟縫
份、裡布的下襬縫份摺好並稍作
整理，表裡布側縫用藏針縫、下
襬用斜針縫縫合。

36 將裡布的袖襱和表布的袖襱正面
對正面貼合，用斜針縫縫合。

37 將上衣的後門襟縫份縫合。

38 利用金屬線或繡線，在上衣正面沿著領口繡上鎖鏈繡，將緞帶打成長尾蝴蝶結，並縫在腰圍中心作為裝飾。

39 將裙子的後門襟正面對正面貼合，用珠針固定之後進行縫合。

40 在上衣後門襟縫上珠珠和線環，這樣就完成了。

Dress Look 7

露肩小禮服

讓人同時感受到可愛和性感的露肩小禮服。
若是使用色調淡雅柔和的布料,還可以變身為可愛風格的洋裝!
利用胸口的珠珠裝飾和裙衩,展現出華麗及性感的氛圍,再藉由超蓬泡泡袖,增添可愛的感覺。

原尺寸紙型 • p213

·S 尺寸		·M 尺寸	
布料:60 支棉布		布料:60 支棉布	
胸前蕾絲(寬 1cm):4cm 2 條		胸前蕾絲(寬 1cm):5cm 2 條	
袖子蕾絲(寬 1cm):9cm		袖子蕾絲(寬 1cm):10cm	
門襟珠珠(2.5mm):3 個		門襟珠珠(2.5mm):3 個	
裝飾用極小珠珠:適量		裝飾用極小珠珠:適量	
緞帶蝴蝶結(寬 4mm):2 個		緞帶蝴蝶結(寬 4mm):2 個	

1 洋裝的上衣各部位按照紙型裁好之後，塗上防綻液。在上衣前片的正面畫上中心線。

2 將上衣前片的尖褶摺好並縫合。

3 將兩條胸前蕾絲重疊 1～2mm，然後縫到上衣前片的中心線上。將蕾絲縫合到頸圍縫份及腰圍縫份上，使其固定。

TIP 如果是使用寬蕾絲的話，就可以少縫蕾絲重疊的那一條縫線！

4 把袖底縫份摺好並燙平。

5 將蕾絲縫到袖底，蕾絲露出來的長度只要 5mm 就好。

每一針的長度是 2.5mm

6 在標示的皺褶線上縫兩條平針縫線。

7 拉扯縫線，製造出皺褶，使袖底寬變成 3.5cm（M 尺寸 4cm），然後在縫線下方縫一條線，使皺褶固定。

TIP 請注意，袖底寬不包含縫份的寬度。

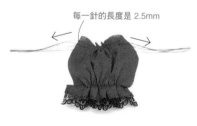

每一針的長度是 2.5mm

8 在袖子上緣的完成線上下各縫一條平針縫線。拉扯縫線，製造出皺褶，使袖子上緣寬變成 2cm（M 尺寸 2.5cm）。

TIP 請注意，袖子上緣寬不包含縫份的寬度。

9 將上衣前片和袖子正面對正面貼合並縫合。

10 將上衣後片和袖子正面對正面貼合並縫合。

11 把縫份剪開。

12 將縫份朝兩邊分開並燙平。

兩線間距是 5mm

13 將後門襟縫份往內摺並燙平,然後分別縫上兩條線。

14 將領口滾邊布的兩側縫份往內摺並燙平。

15 將上衣和領口滾邊布的頸圍正面對正面貼合,用珠針固定之後縫合。

16 把縫份修剪成只留下 3mm。

17 將領口滾邊布對摺,像要把縫份包覆起來那樣,然後進行熨燙。

18 沿著頸圍縫合,然後將袖子上緣的皺褶線拆除。

19 將上衣前片和上衣後片正面對正面貼合，用珠針固定之後縫合側縫，接著將腋下曲線區域的縫份剪開。

20 翻面之後，將側縫縫份朝兩邊分開並燙平。

21 將裙襬進行滾邊縫。

TIP 也可以在縫份塗上防綻液，接著將縫份往內摺並燙平，然後再進行縫合。

22 將裙子沿著剪裁線剪開，然後塗上防綻液。

23 將裙子正面對正面貼合，並將除了開衩處之外的地方縫合。

24 將縫份朝兩邊分開並燙平。

每一針的長度是 4mm

25 翻到裙子正面，在裙衩兩側縫上縫線。

26 將裙子的後門襟縫份往內摺並縫合。

27 在裙子腰圍的完成線上下各縫一條平針縫線，配合上衣的腰圍長度拉扯縫線，製造出皺褶。這時候裙子的兩側縫份要分別往內摺5mm，然後用珠針固定。

28 將上衣和裙子的腰圍正面對正面
貼合，用珠針固定之後進行縫
合。

29 將縫份修剪成只留下 3mm，並
塗上防綻液，然後將縫份往上衣
那邊摺並燙平。

30 從上衣的正面沿著腰圍進行縫
合。

31 將珠珠縫到上衣的胸前、裙衩的
兩側，接著將蝴蝶結縫到裙衩上
方作為裝飾。

32 將裙子的後門襟正面對正面貼
合，用珠針固定之後進行縫合。

33 在上衣後門襟縫上珠珠和線環，
這樣就完成了。

蓬蓬紗裙禮服

雖然像棉花糖一樣輕盈絢麗，但同時又兼具優雅的服裝。由於整件衣服都使用網紗布料，使輕盈的感覺更鮮明。
用珠珠沿著胸線當作裝飾，因此增添了華麗感，胸部上方又利用網紗做成若隱若現的感覺，看起來不會太過沉悶。

原尺寸紙型●*p217*

·S 尺寸

布料：網紗布料、60 支棉布（裡布）

襯裙下襬蕾絲（寬 1～1.5 cm）：26 cm

裝飾用珠珠：適量

門襟珠珠（2.5mm）：4 個

裝飾用緞帶（寬 7mm）：24cm

·M 尺寸

布料：網紗布料、60 支棉布（裡布）

襯裙下襬蕾絲（寬 1～1.5 cm）：30 cm

裝飾用珠珠：適量

門襟珠珠（2.5mm）：4 個

裝飾用緞帶（寬 7mm）：28cm

1　裡布的上衣前片按照紙型裁好之後，將胸線縫份剪開並塗上防綻液。

2　將胸線縫份往正面摺，然後燙平。

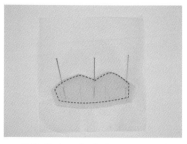

3　將裁得比上衣前片還大的網紗和步驟 2 的裡布，正面對正面貼合，用珠針固定之後，沿著胸線、側縫、下緣線進行縫合。

4　將上衣前片紙型描繪在網紗上面，接著將胸部尖褶摺好並縫合。

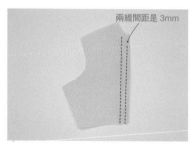

兩線間距是 3mm

5　將上衣後片的肩膀縫份塗上防綻液，並將後門襟翻摺兩次後縫上兩條線。

6　將上衣前片和上衣後片的肩膀縫份，正面對正面貼合並縫合，接著將縫份往上衣後片那邊摺，然後再從後片的正面進行縫合。

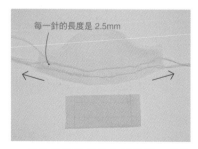

每一針的長度是 2.5mm

7　在袖底的完成線上下各縫一條平針縫線，然後配合袖口的長度拉扯縫線，製造出皺褶。

8　將製造出皺褶的袖底和袖口，正面對正面貼合並縫合，然後將縫份修剪成只留下 3mm。

9　將袖口翻摺兩次，像要把縫份包覆起來那樣，燙平之後縫合。

95

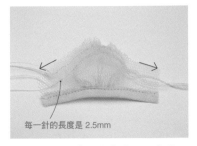

每一針的長度是 2.5mm

10 在袖山弧線的完成線上下各縫一條平針縫線，然後拉扯縫線，製造出皺褶。

11 將袖子和上衣的袖襱正面對正面貼合，在完成線往內 1mm 處用疏縫固定。

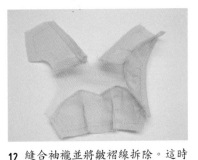

12 縫合袖襱並將皺褶線拆除。這時候每一針的長度是 2.5mm。

TIP 在使用網紗的情況下，如果第一遍縫合縫得太密集的話，會很難修正。

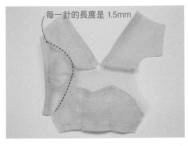

每一針的長度是 1.5mm

13 將縫份修剪成只留下 3mm，並塗上防綻液，然後將縫份往上衣那邊摺，接著從正面沿著頸圍縫合。另一邊袖子也用相同的方法進行縫製。

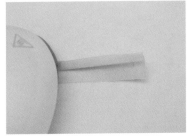

14 將領口滾邊布正面沿著虛線對摺，並將比較窄的縫份往外翻摺，然後燙平。

TIP 領口滾邊布的縫份一邊比較窄，一邊比較寬，剪裁的時候請多加注意。

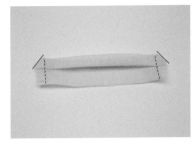

15 分別將兩側的側縫縫合，並將縫份修剪成只留下 3mm。將縫份稜角以斜線剪掉。

16 將領口滾邊布翻面之後，利用錐子之類的工具調整稜角，然後燙平。

17 沿著頸圍將縫份剪開。

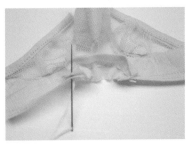

18 將頸圍縫份和領口滾邊布正面對正面貼合，用疏縫固定。

19 沿著頸圍的完成線縫合之後，將疏縫線拆除，並將縫份修剪成只留下 3mm。

20 將縫份往領口滾邊布裡面塞摺，然後頸圍用斜針縫縫合。

21 將上衣前片和上衣後片正面對正面貼合，用珠針固定之後縫合側縫。

22 將縫份修剪成只留下 3mm，並將腋下曲折區域的縫份剪開，然後塗上防綻液。

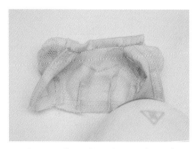

23 翻面之後，將側縫縫份朝兩邊分開並燙平。

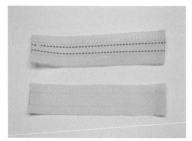

24 將腰帶的裡布和表布按照紙型裁好。在表布縫上兩條線，然後將表布和裡布的兩側縫份都往內摺，然後燙平。

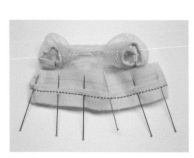

25 將上衣和腰帶表布的腰圍正面對正面貼合，用珠針固定之後縫合。

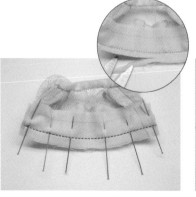

26 將上衣的反面和腰帶裡布的正面貼合，用珠針固定之後縫合。將縫份修剪成只留下 3mm。

27 襯裙按照紙型裁好之後，將裙襬縫份塗上防綻液。

28 將蕾絲沿著裙襬完成線縫合，然後將兩側縫份往內摺並縫合。

每一針的長度是 3mm

29 在裙子腰圍的完成線上下各縫一條平針縫線，配合上衣的腰圍長度拉扯縫線，製造出皺褶。這時候裙子的兩側縫份要分別往內摺5mm，然後用珠針固定。

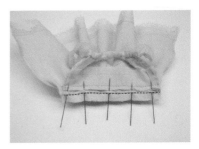

30 將腰帶表布和襯裙正面對正面貼合，用珠針固定之後縫合腰圍。

31 將縫份修剪成只留下 3mm。

32 把縫份往上衣那邊摺並燙平。

33 將裙子的網紗表布裁好之後，畫出橫向中心線。

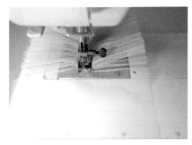

34 將網紗放置在壓布腳下方，然後沿著中心線往前推進，再一邊車縫，一邊製造出皺褶。

35 將上衣的腰圍和裙子的中心線對齊，用珠針固定，接著將裙子兩側多餘的部分往內摺，用珠針固定，然後沿著中心線縫合。

> **TIP** 腰帶和裙子相連接的區域，就是腰帶的下緣，因此必須縫合！

36 將腰帶裡布的縫份摺好之後，沿著腰圍用斜針縫縫合。

37 沿著上衣正面的胸線縫上珠珠作為裝飾，使縫份不要顯露出來。

38 將襯裙的後門襟縫份正面對正面貼合，用珠針固定之後縫合，只要縫到照片中標示虛線的位置就好。

39 將雙層網紗裙的下層和襯裙的後門襟貼合，縫兩針將其固定。

40 在上衣後門襟縫上珠珠和線環。將緞帶打成長尾蝴蝶結，並縫在正面的腰帶上作為裝飾。

Dress Look 9
鄉村風洋裝

這是一款以裙襬的皺褶為亮點，散發出浪漫及少女氣息的洋裝。
如果搭配圍裙，就能展現出更加鄉村感的造型。請試著將裙子的長度改短一點，
或者將袖子和領子改成喜歡的樣式吧！只要做出一點點變化，就能蛻變成感覺別有一番風味的衣服。

原尺寸紙型●*p221*

· S 尺寸	布料：60 支花紋棉布、80 支棉布（上衣裡布）	· M 尺寸	布料：60 支花紋棉布、80 支棉布（上衣裡布）
	裙襬蕾絲（寬 1～1.5cm）：39cm		裙襬蕾絲（寬 1～1.5cm）：41cm
	暗釦（5mm）：2 對		暗釦（5mm）：2 對

1 將上衣前片和上衣後片正面對正面貼合，並縫合肩線。

2 將縫份朝兩邊分開並燙平。

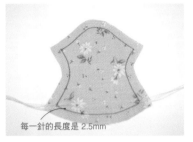

每一針的長度是 2.5mm

3 袖子按照紙型裁好之後，在袖底的完成線上下各縫一條平針縫線。

4 配合袖口的長度拉扯縫線，製造出皺褶，然後將袖口和袖子正面對正面貼合並縫合。將縫份修剪成只留下 3mm。

每一針的長度是 2.5mm

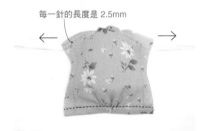

5 將袖口翻摺兩次，像要把縫份包覆起來那樣，然後在袖口的正上方縫合。在袖山弧線的完成線上下各縫一條平針縫線，然後拉扯縫線，製造出皺褶。

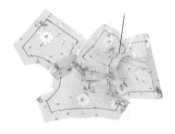

6 將袖子和上衣的袖襱正面對正面貼合，在完成線往內 1～2mm 處用疏縫固定。

7 沿著完成線縫合袖襱，然後將皺褶線及疏縫線拆除。將縫份修剪成只留下 3mm，並塗上防綻液。另一邊袖子也用相同的方法進行縫製。

8 將領子按照紙型描繪於表布和裡布上，接著將表布和裡布正面對正面貼合，然後再縫合領子邊緣（照片中虛線處）。

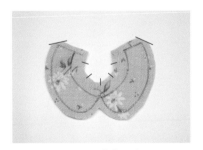

9 沿著領子縫份剪裁完成之後，將頸圍縫份剪開，並將縫份稜角以斜線剪掉。

10 翻到正面並燙平。

11 從正面縫合領子邊緣（照片中虛線處）。

12 將上衣的正面和領子的頸圍縫份對齊，並用疏縫固定頸圍。沿著完成線縫合，然後將疏縫線拆除。

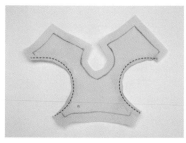

13 上衣裡布按照紙型裁好之後，將袖襱縫份剪開，往內摺並縫合。

14 將上衣表布和裡布正面對正面貼合，用珠針固定之後，將後門襟和頸圍縫合。將頸圍縫份剪開，並將縫份稜角以斜線剪掉。

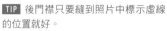 後門襟只要縫到照片中標示虛線的位置就好。

15 翻成正面並燙平，然後稍作整理。

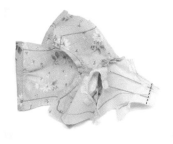

16 將裡布的側縫正面對正面貼合，用珠針固定之後進行縫合。

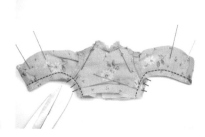

17 將上衣前片和上衣後片正面對正面貼合，用珠針固定之後縫合側縫。將縫份修剪成只留下3mm，並塗上防綻液，然後將腋下曲線區域的縫份剪開。

18 翻面之後，將裡布和表布的側縫縫份朝兩邊分開並燙平。

19 將裙襬縫份往內摺並燙平。

20 將蕾絲縫到裙襬，蕾絲露出來的長度約2mm。

21 將裙子兩側的後門襟縫份往內摺並縫合。

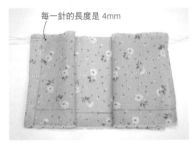

每一針的長度是 4mm

22 在腰圍的完成線上下各縫一條平針縫線，然後在裙襬畫上皺褶線。

23 利用皺褶壓布腳沿著裙襬的皺褶線進行車縫，製造出皺褶，然後用一般壓布腳沿著皺褶線再縫合一次，使其固定。
TIP 請將上線的張力調緊。

24 配合上衣的腰圍長度拉扯縫線，製造出皺褶。

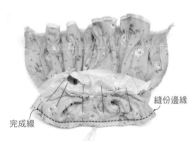

完成線　　　縫份邊緣

25 接著將上衣和裙子的腰圍正面對正面貼合，用珠針固定之後進行縫合。這時候裙子的左後門襟要對齊上衣後門襟的完成線，右後門襟要對齊上衣後門襟的縫份邊緣。將縫份修剪成只留下3mm。

26 將縫份往上衣那邊摺，然後從上衣的正面沿著腰圍縫合，接著將裙子腰圍的皺褶線拆除。

27 將上衣裡布和表布的後門襟縫份、裡布的下襬縫份摺好並用珠針固定，表裡布側縫用藏針縫、下襬用斜針縫縫合。

28 將裡布的袖襱和表布的袖襱正面對正面貼合，用斜針縫縫合。

29 將上衣的後門襟縫份縫合。

30 將裙子的後門襟正面對正面貼合，用珠針固定之後進行縫合。

31 在上衣的後門襟縫上暗釦，這樣就完成了。

鄉村風圍裙

這款圍裙如果和洋裝一起搭配，就能展現出浪漫的鄉村風造型。
請嘗試做出各式各樣的顏色。這樣就能感覺到不一樣的氛圍！

原尺寸紙型・*p225*

·S 尺寸	布料：60 支棉布
	網紗布料：6×6cm 3 張
	裝飾用極小珠珠：2 個
	門襟珠珠（2.5mm）：2 個

·M 尺寸	布料：60 支棉布
	網紗布料：8×8cm 3 張
	裝飾用極小珠珠：2 個
	門襟珠珠（2.5mm）：2 個

每一針的長度是 2.5mm

1 各部位按照紙型裁好之後,將裙子側縫、裙襬、上衣後門襟縫份塗上防綻液。

2 在裙子前片的上緣完成線上下各縫一條平針縫線。

3 配合上衣的胸圍長度拉扯縫線,製造出皺褶。

4 將裙子前片和上衣正面對正面貼合,用珠針固定之後縫合。

5 將縫份修剪成只留下 3mm,然後塗上防綻液,並把皺褶線拆除。

6 將縫份往上衣那邊摺,然後從上衣的正面沿著胸圍完成線縫合。

7 裙子後片也用相同的方法進行作業。

8 將剪裁好的網紗貼合在頸圍的正面,用珠針固定之後沿著頸圍完成線縫合。

9 沿著頸圍將網紗剪裁完成之後,將上衣的頸圍縫份剪開。

10 將縫份往內摺並燙平。

11 從上衣的正面沿著頸圍縫合。

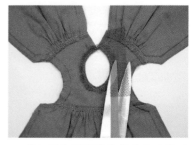

12 將網紗和頸圍縫份修剪成只留下 3mm。

13 將剪裁好的網紗分別貼合在兩側袖籠的正面,用與頸圍相同的方法進行作業。

14 將上衣和裙子的後門襟縫份往內摺,然後以一直線縫合。

15 將裙子前片和裙子後片正面對正面貼合,縫合兩側側縫。

 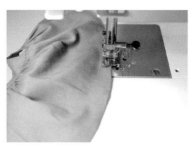 

16 將側縫縫份朝兩邊分開並燙平。
將裙襬縫份也往內摺,然後燙
平。

17 從正面將裙襬縫份縫合。

18 在上衣前片的正中間縫上珠珠或
蝴蝶結作為裝飾。

19 在上衣後門襟縫上珠珠和線環,
這樣就完成了。

洛可可洋裝
（洋裝）

在以華麗感和優雅感為代名詞的洛可可洋裝上拼接棉布，雖然感覺很復古又很簡樸，卻能突顯出洛可可洋裝的特有風格。如果想要更華麗一點的感覺，利用薄的緞面布料來製作即可。

原尺寸紙型•p227

・S 尺寸	布料：60 支棉布、80 支棉布（裡布）、40 支平織布（前門襟片表布）、網紗布料（前門襟片裡布）	・M 尺寸	布料：60 支棉布、80 支棉布（裡布）、40 支平織布（前門襟片表布）、網紗布料（前門襟片裡布）
	領子蕾絲（寬 0.8～1cm）：22cm		領子蕾絲（寬 0.8～1cm）：25cm
	袖子蕾絲（寬 2cm）：13cm 2 條		袖子蕾絲（寬 2cm）：15cm 2 條
	繡線（DMC）：分離成一股一股後再使用		繡線（DMC）：分離成一股一股後再使用
	裝飾用極小珠珠：適量		裝飾用極小珠珠：適量
	門襟珠珠（2.5mm）：4 個		門襟珠珠（2.5mm）：4 個

1 上衣表布前、後片按照紙型裁好之後，將上衣前片和上衣後片的尖褶摺好並縫合。

2 將上衣前片和上衣後片正面對正面貼合，並縫合肩線。

3 將縫份朝兩邊分開並燙平。

每一針的長度是 2.5mm

4 將袖子按照紙型進行剪裁。袖底塗上防綻液，然後將縫份往外摺並燙平。

5 將縫份縫合。

6 在袖子蕾絲的邊緣縫上兩條平針縫線。

每一針的長度是 2mm

每一針的長度是 2.5mm

7 配合袖底的長度拉扯縫線，製造出皺褶。

8 將蕾絲貼合在袖子正面的袖底縫份上，用珠針固定之後縫合，然後將皺褶線的卜線拆除。

TIP 如果一針一針縫得太過密集，蕾絲有可能會破掉，需多加注意。

9 在袖山弧線的完成線上下各縫一條平針縫線，然後拉扯縫線，製造出皺褶。

10 將袖子和上衣的袖襱正面對正面貼合，在完成線往內 1mm 處用疏縫固定。

11 沿著完成線縫合袖襱，然後將疏縫線及皺褶線拆除。將縫份修剪成只留下 3mm，並塗上防綻液。另一邊袖子也用相同的方法進行縫製。

12 上衣裡布按照紙型裁好之後，將上衣前片和上衣後片的尖褶摺好並縫合。將袖襱縫份剪開，往內摺並縫合。

13 將上衣表布和裡布正面對正面貼合，用珠針固定之後，將頸圍和後門襟縫合。將頸圍曲線區域的縫份剪開。

TIP 後門襟只要縫到照片中標示虛線的位置就好。

14 翻成正面並燙平，然後稍作整理。

15 將裡布的側縫正面對正面貼合，用珠針固定之後進行縫合。

  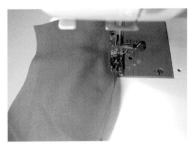

16 將上衣前片和上衣後片正面對正面貼合，用珠針固定之後縫合側縫。將縫份修剪成只留下 3mm，並塗上防綻液，然後將腋下曲線區域的縫份剪開。

17 翻面之後，將裡布和表布的側縫縫份朝兩邊分開並燙平。

18 裙子左右片按照紙型裁好之後，將裙襱進行滾邊縫。

19 將裙子的中心線縫份和後門襟縫份往內摺並縫合。

每一針的長度是 3mm

20 在裙子腰圍的完成線上下各縫一條平針縫線,然後配合上衣腰圍的完成線長度拉扯縫線,製造出皺褶。

21 對齊完成線並將上衣和裙子的腰圍正面對正面貼合,用珠針固定之後縫合,然後將皺褶線拆除。這時候裙子的後門襟要對齊縫份的兩端。

22 將縫份修剪成只留下 3mm。

23 將縫份往上衣那邊摺,然後從上衣的正面沿著腰圍縫合。

24 將上衣裡布和表布的後門襟縫份、腰圍縫份摺好,用珠針固定之後,表裡布側縫用藏針縫、腰圍用斜針縫縫合。

25 將表布和裡布的袖襱縫份正面對正面貼合,用斜針縫縫合。

TIP 請注意,不要在表布的正面顯露出縫線。

26 準備好適合作為前門襟片的花紋布料之後,剪裁前門襟片的表布和裡布。

TIP 也可以繡上刺繡作為裝飾。

27 按照紙型描繪出前門襟片之後,將網紗貼合在花紋布料正面,然後將開口以外的邊緣縫合。將縫份稜角以斜線剪掉,並將曲線區域的縫份剪開。

28 藉由開口處翻面後，進行熨燙。

29 用藏針縫縫合開口。

30 將前門襟片貼合在洋裝的上衣前片，用珠針固定之後縫合。

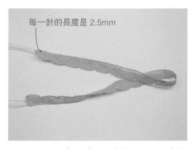

每一針的長度是 2.5mm

31 在領子蕾絲邊緣（蕾絲的平邊）縫上兩條平針縫線。

32 配合頸圍的長度拉扯縫線，製造出皺褶。

33 將蕾絲貼合在頸圍上，然後縫合固定。

TIP 請注意，不要在蕾絲的正面顯露出縫線。

34 將上衣的後門襟縫份縫合。

35 沿著裙子中心線繡上羽毛繡。

36 將珠珠縫在前門襟片上作為裝飾。

37 將裙子的後門襟正面對正面貼
合，用珠針固定之後進行縫合。

38 在上衣後門襟縫上珠珠和線環，
這樣就完成了。

洛可可洋裝
（襯裙、襯褲）

襯裙

- **S 尺寸**

布料：80 支棉布
中段蕾絲（寬 0.8～1cm）：39cm
裙襬蕾絲（寬 1～1.5cm）：39cm 2 條
鬆緊帶（寬 2mm）：20～25cm

- **M 尺寸**

布料：80 支棉布
中段蕾絲（寬 0.8～1cm）：41cm
裙襬蕾絲（寬 1～1.5cm）：41cm 2 條
鬆緊帶（寬 2mm）：20～25cm

襯褲

- **S 尺寸**

布料：80 支棉布
上端蕾絲（寬 0.8～1cm）：11cm 2 條
下襬蕾絲（寬 1～1.5cm）：10cm 2 條
鬆緊帶（寬 2mm）：20～25cm、10cm 2 條

- **M 尺寸**

布料：80 支棉布
上端蕾絲（寬 0.8～1cm）：12cm 2 條
下襬蕾絲（寬 1～1.5cm）：11cm 2 條
鬆緊帶（寬 2mm）：20～25cm、10cm 2 條

1 裙子各段按照紙型裁好之後,將
縫份塗上防綻液。

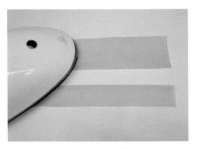

2 將裙子中段的下緣縫份和裙子下
段的上緣縫份往內摺並燙平。

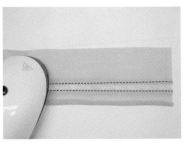

3 在燙平的縫份之間縫上蕾絲,並
使蕾絲露出約 5mm。將裙襬縫
份往外摺並燙平。

4 將寬約 1cm 的蕾絲貼合在裙襬
縫份上並縫合。

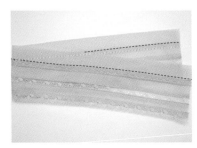

5 將中段蕾絲對齊蕾絲標示線縫
合。

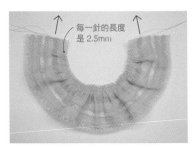

6 在裙子中段的上緣完成線上下各
縫一條平針縫線。配合裙子上段
的長度拉扯縫線,製造出皺褶。

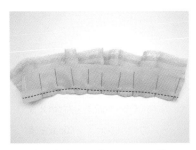

7 將裙子上段和步驟 6 正面對正面
貼合,用珠針固定之後,沿著完
成線縫合。

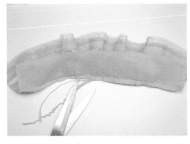

8 將縫份修剪成只留下 3mm,然
後塗上防綻液。

9 將縫份往上摺,然後從裙子上段
的正面縫合。

117

10 沿著虛線將腰圍縫份摺好，燙平之後再沿著完成線縫合。

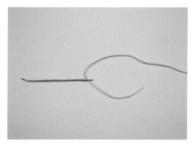

11 將鬆緊帶穿入鬆緊帶穿帶器或毛線縫針備用。

TIP 鬆緊帶請準備足夠的長度。

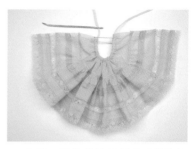

12 使穿入鬆緊帶的針通過腰圍線之間的通道，然後將腰圍製造出長度為 6cm（M 尺寸 7cm）的皺褶，此長度不包含縫份，並用珠針固定。

13 將襯裙的後門襟正面對正面貼合，用珠針固定之後進行縫合。將多餘的鬆緊帶剪掉，並用打火機的火稍微燒一下鬆緊帶剪裁的邊緣，確保邊緣不會散開。

14 將後門襟縫份朝兩邊分開並燙平。

15 將腰部的後門襟縫份朝兩邊分開並用捲邊縫縫合。

16 翻面之後，用噴霧器噴水，噴個 2～3 次，然後抓住裙子的上下兩邊將它擰乾，製造出自然的皺褶。

1 在裁成 25×15cm 的布料下方三分之一處,畫出 3 條間距為 7mm 的壓褶線。

2 沿著最上方的壓褶線往反面翻摺並燙平。

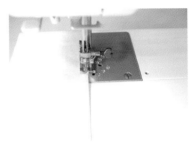

3 將摺疊位置往內 1mm 處縫合。

4 將摺起來的布料攤開,並將縫合的部分朝上摺,然後燙平。以相同的方法製造出三條壓褶。

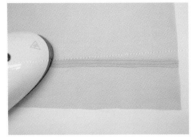

5 重新將壓褶朝下摺並燙平。

6 將上端蕾絲貼合在壓褶上方並縫合。

7 對齊壓褶及蕾絲的位置描繪出襯褲的紙型,並且完成剪裁,然後將縫份塗上防綻液。

8 將襯褲的下襬縫份往內摺並燙平,然後將蕾絲縫到下襬,蕾絲露出來的長度只要 5mm 就好。

每一針的長度是 2mm

9 將 10cm 的鬆緊帶放到襯褲下方的標示線上,在縫份上倒退做回針,車縫個 1〜2 針,使其固定之後,將鬆緊帶拉緊,一邊拉著鬆緊帶,一邊慢慢地縫合。

TIP 將裁縫機的下線和上線往裁縫機後面拉,再進行縫合。

10 將襯褲的前襠正面對正面貼合，
用珠針固定之後縫合。

11 將前襠曲線區域縫份剪開，然後
將縫份朝兩邊分開並燙平。

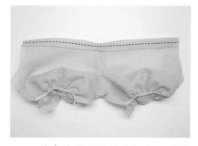

12 沿著虛線將腰圍縫份摺好，然後
沿著完成線縫合。

13 將 20～25cm 的鬆緊帶穿入鬆緊
帶穿帶器或毛線縫針備用。

14 使穿入鬆緊帶的針通過腰圍線之
間的通道。將腰圍製造出長度為
6cm（M 尺寸 7cm）的皺褶，此
長度不包含縫份，並用珠針固
定。

15 將襯褲的後襠正面對正面貼合，
用珠針固定之後進行縫合，並將
多餘的鬆緊帶剪掉。用打火機的
火稍微燒一下鬆緊帶剪裁的邊
緣，確保邊緣不會散開。

16 將後襠曲線區域縫份剪開，然後
將縫份朝兩邊分開並燙平。

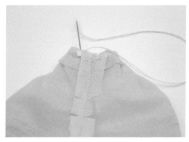

17 將腰部的後襠縫份朝兩邊分開，
用捲邊縫縫合並稍作整理。

18 將襯褲的前片和後片正面對正面
貼合，用珠針固定之後，沿著下
襠線縫合。

19 將縫份修剪成只留下 3mm，並塗上防綻液。將下襠曲線區域縫份剪開，將襯褲翻到正面就完成了。

無袖上衣

充滿頑皮女孩氣息的可愛衣服，正好可以用來表現活潑的感覺。
如果將荷葉邊的長度延長，也可以當成洋裝來穿。

原尺寸紙型●p235

·S 尺寸	布料：亞麻混紡	·M 尺寸	布料：亞麻混紡
	網紗布料：6×6cm 3 張		網紗布料：6×6cm 3 張
	暗釦（5mm）：2 對		暗釦（5mm）：2 對
	裝飾用鈕釦（4mm）：3 個		裝飾用鈕釦（4mm）：3 個

1 各部位按照紙型裁好之後，除了頸圍和袖襱以外，其他地方的縫份都要塗上防綻液。

2 將上衣前片和上衣後片正面對正面貼合，並縫合肩線。

3 把縫份朝兩邊分開並燙平。

4 將上衣正面貼合在網紗上，並縫合頸圍。

5 將頸圍周邊多餘的網紗剪掉。將縫份剪開。

6 將縫份往內摺並燙平。

7 沿著頸圍縫合。

8 將頸圍縫份和網紗修剪成只留下3mm。

9 兩側袖襱也用相同的方法縫製。

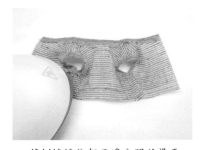

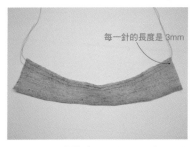

每一針的長度是 3mm

10 將上衣前片和上衣後片正面對正面貼合，用珠針固定之後縫合側縫。

11 將側縫縫份朝兩邊分開並燙平。

12 將上衣荷葉邊的下襬縫份摺好並縫合，在腰圍的完成線上下各縫一條平針縫線。

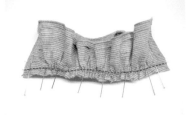

13 配合上衣的腰圍長度拉扯縫線，製造出皺褶。

14 將上衣和荷葉邊正面對正面貼合，用珠針固定之後縫合腰圍。

15 將縫份往上衣那邊摺，然後從上衣的正面沿著腰圍縫合。

16 將後門襟縫份往內摺，分別將其縫合。

17 將鈕釦（4mm）縫到腰圍右邊作為裝飾。

18 在上衣的後門襟縫上暗釦，這樣就完成了。

垮褲

雖是男孩風但又帶點可愛的服裝。若是搭配無袖上衣，更能展現出可愛的感覺。

如果製作裙子製作得很膩，請試著製作垮褲吧。

可以感覺到獨特的個性。

原尺寸紙型 • *p237*

・S 尺寸	布料：30 支亞麻（補丁直徑 1.5cm）	・M 尺寸	布料：30 支亞麻（補丁直徑 1.8cm）
	暗釦（5mm）：1 對		暗釦（5mm）：1 對

1 各部位按照紙型裁好之後，除了腰帶和腰圍以外，其他地方的縫份都要塗上防綻液。

2 將口袋裡布貼合在褲子前片正面的口袋開口處，用珠針固定之後縫合開口處。

TIP 口袋裡布請使用 80 支或 100 支的薄布料。

3 將口袋開口處的縫份剪開。

4 將口袋裡布往後翻摺並燙平。沿著口袋開口處縫合。

5 將口袋表布的正面貼合到口袋裡布上，用珠針固定之後縫合。

6 將褲子前片和褲子後片正面對正面貼合，用珠針固定之後縫合側縫。

7 將縫份朝兩邊分開並燙平。

8 翻到正面，以縫合的側縫為中心線，於左右各縫一條線。

9 將褲子下襬縫份往內摺，用珠針固定之後縫合。

127

10 將補丁貼合在標示的位置上，然後沿著邊緣繞一圈縫合。

11 將腰帶兩側縫份往內摺並燙平。

每一針的長度是 3mm

12 在腰圍的完成線上下各縫一條平針縫線。

13 配合腰帶的長度拉扯縫線，製造出皺褶。這時候，從正面看的左側，縫份要往內摺約 5mm 左右，並用珠針固定。

14 將褲子和腰帶正面對正面貼合，用珠針固定之後縫合。

15 將縫份修剪成只留下 3mm。

16 將腰帶往上摺，然後將腰帶縫份塗上防綻液。

17 用腰帶將縫份包覆起來之後，進行熨燙。

18 從正面的腰帶正下方進行縫合。

19 將後襠開衩處縫份剪開,並塗上防綻液。

20 將褲子後片正面對正面貼合,用珠針固定之後,將後襠縫合至開衩處。請注意,車縫一定要倒退做回針,以免開衩處的線頭鬆開。

21 將褲子前片和後片正面對正面貼合,用珠針固定之後,沿著下襠線縫合。

22 將下襠曲線區域縫份剪開,然後翻到正面。在後門襟的腰帶區域縫上暗釦,這樣就完成了。

大衣

簡單俐落的敞開式大衣，根據不同的顏色或布料材質，

可展現出春天、秋天或冬天的感覺。

圍上圍巾，一件帥氣的衣服就此誕生。

原尺寸紙型●*p239*

・S 尺寸	布料：60 支棉布（表布、裡布）	・M 尺寸	布料：60 支棉布（表布、裡布）
	鈕釦（4mm）：4 個		鈕釦（4mm）：4 個

1 上衣的上、下後片按照紙型裁好之後,將其正面對正面貼合並縫合。

2 將縫份朝兩邊分開並燙平。

3 從上衣後片的正面,以縫合的線為中心線,於上下距離 1mm 處,各縫一條線。將多餘的縫份剪掉。

4 上衣的上、下前片按照紙型裁好之後,將其正面對正面貼合,並縫合口袋開口處以外的部分。

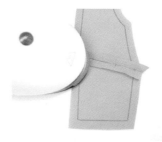

5 將縫份朝兩邊分開並燙平。

6 從上衣前片的正面,以縫合的線為中心線,於上下距離 1mm 處,各縫一條線。將多餘的縫份剪掉。

7 將上衣前片和上衣後片正面對正面貼合,並縫合肩線。

8 將縫份朝兩邊分開並燙平。

9 袖子按照紙型裁好之後,除了袖襱以外,其他地方的縫份都要塗上防綻液。

10 將袖底往外翻摺兩次，然後燙平。

11 在袖山弧線的完成線上下各縫一條平針縫線，然後拉扯縫線，將袖山縫份調整成圓弧形。

TIP 這時候，請注意盡量不要製造出皺褶。將袖山調整成圓弧狀，縫製袖襱的時候會比較容易。

12 將上衣和袖子的袖襱正面對正面貼合，在完成線往內 2mm 處用疏縫固定。

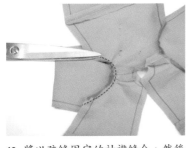

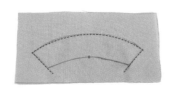

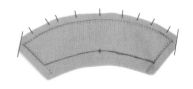

13 將以疏縫固定的袖襱縫合，然後將疏縫線及皺褶線拆除。將縫份修剪成只留下 3mm，並塗上防綻液。另一邊袖子也用相同的方法進行縫製。

14 將布料正面對正面貼合，按照紙型將領子描繪於布上，接著縫合領子邊緣（照片中虛線處）。

15 修剪縫份，頸圍縫份約留 5mm、領子邊緣縫份約留 3mm。將縫份稜角以斜線剪掉，並將上緣曲線區域縫份剪開。

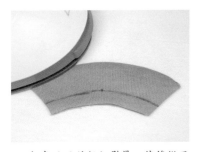

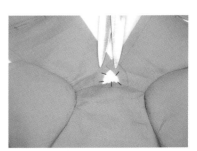

16 翻成正面並仔細熨燙，然後從正面重新再畫一次頸圍完成線。

17 沿著領子邊緣縫合。

18 將上衣頸圍縫份剪開。

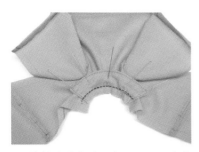

19 將領子貼合到上衣正面，用珠針固定之後縫合。

20 上衣裡布按照紙型裁好之後，將上衣前片和上衣後片正面對正面貼合，並縫合肩線。

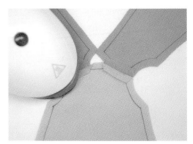

21 將縫份朝兩邊分開並燙平。

22 將裡布袖襱縫份剪開，然後往內摺並縫合。將頸圍縫份剪開。

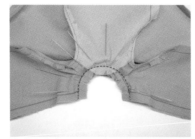

23 將上衣裡布和表布的頸圍正面對正面貼合，用珠針固定之後縫合。

24 將上衣裡布前片和後片的側縫正面對正面貼合，用珠針固定之後縫合。

25 將上衣表布前片和後片的側縫正面對正面貼合，用珠針固定之後縫合，然後將腋下的曲折區域縫份剪開。

26 將表布和裡布的側縫縫份朝兩邊分開並燙平。

27 將裡布、表布的前門襟和下襬，正面對正面貼合，用珠針固定之後，沿著完成線縫合。將縫份稜角以斜線剪掉。

28 利用反裡鉗，從裡布和表布的袖攏開口處翻面。

29 用反裡鉗或錐子將邊邊角角整理好，然後進行熨燙。

30 將裡布的袖攏對齊表布的袖攏縫份，用斜針縫縫合。

31 從頸圍開始，沿著前門襟、下襬繞一圈縫合。

32 縫上鈕釦作為裝飾。

襯衫

散發可愛感的襯衫。
搭配裙子可以展現出少女氣息，搭配褲子則是展現出男孩風格。

原尺寸紙型 • *p243*

·**S 尺寸**　布料：60 支棉布

　　　　　蕾絲（寬 1〜1.5cm）：5cm 2 條

　　　　　裝飾用極小珠珠：5 個

　　　　　暗釦（5mm）：2 對

·**M 尺寸**　布料：60 支棉布

　　　　　蕾絲（寬 1〜1.5cm）：6cm 2 條

　　　　　裝飾用極小珠珠：5 個

　　　　　暗釦（5mm）：2 對

1　在裁得比上衣前片還大的布料
　　上畫記中心線，將兩條寬 1〜
　　1.5cm 的蕾絲重疊約 1〜2mm 左
　　右，並縫合到布料中心線上，然
　　後沿著蕾絲邊緣縫合，使蕾絲固
　　定在布料上。

2　對齊蕾絲中心線，按照紙型描繪
　　出上衣前片，然後進行剪裁。

3　襯衫的其餘部位都按照紙型裁好
　　之後，除了上衣和袖子的袖襱以
　　外，其他地方的縫份都要塗上防
　　綻液。

4　領子按照斜布紋方向描繪到布上
　　之後，將裡布和表布正面對正面
　　貼合，然後縫合領子邊緣（照片
　　中虛線處）。

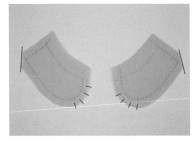

5　留下縫份的部分後進行剪裁。將
　　縫份稜角以斜線剪掉，並將領子
　　前端的曲線區域縫份剪開。

6　將領子翻到正面，仔細熨燙並稍
　　作整理。

7　將領子的頸圍縫份塗上防綻液，
　　然後沿著領子邊緣縫合。

8　將上衣前片和上衣後片正面對正
　　面貼合，並縫合肩線。

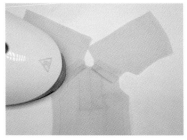

9　將縫份朝兩邊分開並燙平。

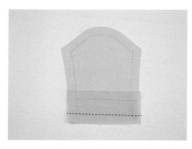

10 將袖底和袖口正面對正面貼合並縫合。

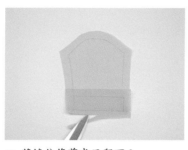

11 將縫份修剪成只留下 3mm。

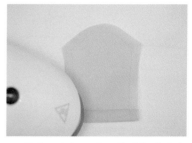

12 將袖口翻摺兩次，像要把縫份包覆起來那樣，然後燙平。

13 縫合袖口。

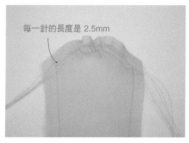

每一針的長度是 2.5mm

14 在袖山弧線的完成線上下各縫一條平針縫線。

15 拉扯縫線，將袖山縫份調整成圓弧形。這時候，請注意盡量不要製造出皺褶。

TIP 將袖山調整成圓弧狀，和上衣的袖襱縫合時，會比較容易。

16 將上衣的袖襱和袖子的袖襱正面對正面貼合，在完成線往內 1〜2mm 處用疏縫固定。

17 將以疏縫固定的袖襱縫合，然後將皺褶線及疏縫線拆除。將縫份修剪成只留下 3mm，並塗上防綻液。另一邊袖子也用相同的方法進行縫製。

18 將頸圍縫份剪開。

19 將準備好的領子貼合到正面的頸
圍縫份上，用疏縫固定之後縫
合，然後將疏縫線拆除。

20 將縫份往內摺，然後縫合頸圍。

21 將上衣前片和上衣後片正面對正
面貼合，並縫合側縫，然後將腋
下曲折區域的縫份剪開。

22 翻面之後，將側縫的縫份朝兩邊
分開並燙平，並將下襬的縫份往
內摺，然後燙平並稍作整理。

23 縫合下襬。

24 將左右後門襟往內摺，分別縫上
兩條以 5mm 為間距的線。

25 將珠珠縫到上衣前片的蕾絲中心
線上，作為裝飾。

26 在後門襟縫上暗鈕，這樣就完成
了。

連身褲

如果想要做出活潑的穿搭，請試著製作連身褲吧。

無論搭配怎樣的襯衫都很適合。

若是再搭上一件外套，就能展現出很有氛圍的造型。

原尺寸紙型 • *p245*

· S 尺寸	布料：40 支平織布、60 支棉布（上衣裡布）	· M 尺寸	布料：40 支平織布、60 支棉布（上衣裡布）
	方形環（6×5mm）：2 個		方形環（6×5mm）：2 個
	吊帶（寬 3mm）：6cm 2 條		吊帶（寬 3mm）：6.5cm 2 條

1 褲子的各部位按照紙型裁好之後，將縫份塗上防綻液。

2 將前口袋裡布貼合在褲子前片正面的口袋開口處，然後將開口處縫合。

TIP 口袋裡布請使用 80 支或 100 支的薄布料。

3 將前口袋開口處的縫份剪開。

4 將前口袋裡布往後翻摺並燙平，然後沿著口袋開口處縫合。

5 將前口袋表布的正面貼合到前口袋裡布上，用珠針固定之後縫合。

6 將褲子左右前片正面對正面貼合，接著縫合前襠線，然後將曲線區域的縫份剪開。

7 將縫份朝兩邊分開並燙平。

8 翻到正面，以前襠線為中心線，於左右各縫一條線，然後再縫上褲子門襟的圖樣。

9 將裁得比褲子後口袋還大的布料上緣往內摺 5mm，並且縫合，然後按照紙型畫上後口袋，接著縫上兩條橫向直線作為裝飾。

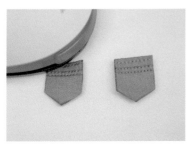

10 剪下後口袋,將縫份摺好並燙平。

11 用珠針將後口袋固定在褲子後片的口袋位置,然後縫合開口處以外的部分。

12 將褲子後片(左後片,縫份比較長的那片)的後襠縫份往內摺並縫合。

13 將褲子的前片和後片正面對正面貼合,用珠針固定之後縫合側縫。

14 將縫份朝兩邊分開並燙平。

15 翻到正面,以縫合的側縫為中心線,於左右各縫一條線。

16 將下襬縫份往外翻摺兩次,然後燙平。

17 在下襬中心位置縫個 1～2 針,使其固定。

18 將裁得比上衣口袋還大的布料中心線上,縫上兩條縱向直線作為裝飾。將布料上緣往內摺 5mm 並縫合,然後按照紙型描繪上衣口袋。

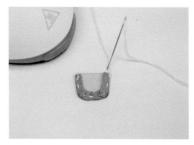

19 剪下口袋。用疏縫沿著縫份縫上縫線，然後拉扯縫線，製造出口袋的曲線，並進行熨燙。

TIP 將剪裁好的口袋縫份，用疏縫縫上縫線之後，中間放一張用厚紙剪裁的紙型，讓口袋像要把厚紙紙型包覆起來那樣，拉扯疏縫縫線，就很容易製造出曲線。

20 連身褲上衣按照紙型裁好之後，用疏縫將口袋固定在既定位置，然後縫合開口處以外的部分。

21 將吊帶縫到標示的位置，使其固定。

TIP 吊帶請準備足夠的長度。

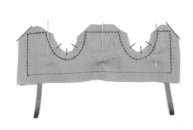

22 將裡布和表布正面對正面貼合，用珠針固定之後，沿著照片中標示的後門襟和袖襱線縫合。將縫份稜角以斜線剪掉，並將袖襱曲線區域的縫份剪開。

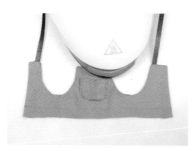

23 翻面之後仔細熨燙。

24 將褲子右後片的後襠開衩處縫份剪開，將上半部縫份往內摺，然後燙平。從正面看是位於左邊的後片。

25 將褲子和上衣腰圍正面對正面貼合，用珠針固定之後縫合。這時候上衣不是對齊褲子後襠的縫份，而是對齊完成線。

26 將縫份修剪成只留下 3mm。

27 將縫份往上衣那邊摺，然後從上衣的正面沿著腰圍縫合。

28 將上衣後門襟的縫份和裡布的下襬縫份稍作整理，然後用珠針固定。後門襟縫份用藏針縫、下襬用斜針縫縫合。

29 沿著上衣邊緣縫合。

30 將吊帶穿入方形環或縫上鈕釦，然後縫到上衣前片標示吊帶的位置，使其固定。

31 將褲子後片正面對正面貼合，用珠針固定之後，將後襠縫合至開衩處。請注意，車縫一定要倒退做回針，以免開衩處的線頭鬆開。

32 將褲子前片和後片正面對正面貼合，用珠針固定之後，沿著下襠線縫合，然後將下襠曲線區域縫份剪開。

33 翻到正面並稍作整理之後，在上衣的後門襟縫上暗釦，這樣就完成了。

PART
3

BEST DRESS

請試著親手製作 Y.J. Sarah 最受歡迎的洋裝。
艾維安、茉莉安、瑪儂等洋裝，是既復古又經典的衣服。
每一款洋裝都搭配柔和的色彩，強調自然的感覺。
為了賦予創新的感覺，使用了很多小細節。
請嘗試將這裡使用的細節應用在其他服裝上！
這樣就可以創造出具有自我風格的衣服喔！

原尺寸紙型 • *p247*

Dress Look 1

艾維安

Y.J. Sarah 製作的娃娃服裝中，人氣最旺的就是艾維安。既時尚又帶有獨特的復古情調，是一款極具魅力的洋裝。
胸前 U 形區域的裝飾、荷葉立領和袖子用其他顏色來製作，避免過於單調乏味，
裙子則以珠珠和刺繡作為裝飾，替這件可愛風的洋裝增添華麗感。

•S 尺寸	布料：60 支棉布、80 支棉布 （裡布、立領、胸前 U 形區域、袖子）
	胸前 U 形區域的蕾絲（寬 2cm）：4cm 2 條
	花邊（寬 3mm）：9cm
	裙襬蕾絲（寬 1～1.5cm）：39cm
	繡線（DMC）：分離成一股一股後再使用
	裝飾用極小珠珠：適量
	門襟珠珠（2.5mm）：3 個
	腰帶（寬 3mm）＊材質可用棉、麂皮或聚酯纖維：11cm
	方形環（6×5mm）：1 個
	緞帶蝴蝶結（寬 4mm）：1 個

•M 尺寸	布料：60 支棉布、80 支棉布 （裡布、立領、胸前 U 形區域、袖子）
	胸前 U 形區域的蕾絲（寬 2cm）：5cm 2 條
	花邊（寬 3mm）：11cm
	裙襬蕾絲（寬 1～1.5cm）：41cm
	繡線（DMC）：分離成一股一股後再使用
	裝飾用極小珠珠：適量
	門襟珠珠（2.5mm）：3 個
	腰帶（寬 3mm）＊材質可用棉、麂皮或聚酯纖維：12cm
	方形環（6×5mm）：1 個
	緞帶蝴蝶結（寬 4mm）：1 個

1 將兩條胸前 U 形區域的蕾絲重疊 1～2mm，並縫合到布料上，然後按照紙型描繪出胸前 U 形區域。

2 將上衣前片的 U 形區域縫份剪開。

3 將縫份往內摺並燙平。

4 將上衣前片貼合在畫上胸前 U 形區域的布料上，用珠針固定之後，沿著 U 形邊緣縫合。

5 修剪畫上胸前 U 形區域的布料，然後將 U 形區域的縫份修剪成只留下 3mm。

6 將尖褶摺好並縫合。

7 用半回針縫將花邊沿著 U 形邊緣縫合。這時候為了不要讓花邊上有太多縫線痕跡，只要稍微縫一下就好。

TIP 花邊的長度準備得比 U 形邊緣長一點，比較好作業。

8 將上衣前片和上衣後片正面對正面貼合，並縫合肩線。將多餘的花邊剪掉。

9 將肩線縫份往後片摺，然後從後片正面沿著肩線縫合。

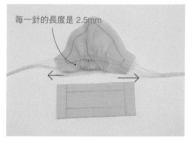

每一針的長度是 2.5mm

10 在袖底的完成線上下各縫一條平針縫線，然後配合袖口的長度拉扯縫線，製造出皺褶。

11 將袖底和袖口正面對正面貼合，縫合之後將縫份修剪成只留下3mm。

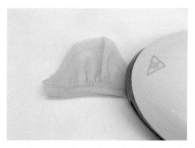

12 將袖口翻摺兩次，像要把縫份包覆起來那樣，然後進行熨燙，使其固定。

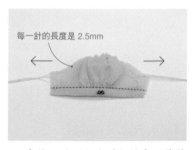

每一針的長度是 2.5mm

13 在袖口的正上方進行縫合，然後將兩個珠珠縫到袖口中間作為裝飾。在袖山弧線的完成線上下各縫一條平針縫線，然後拉扯縫線，製造出皺褶。

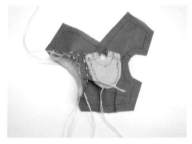

14 將袖子和上衣的袖襱正面對正面貼合，在完成線往內 1～2mm 處用疏縫固定。

15 沿著完成線縫合袖襱，然後將皺褶線及疏縫線拆除。將縫份修剪成只留下 3mm，並塗上防綻液。另一邊袖子也用相同的方法進行縫製。

16 立領按照紙型裁好之後，先對半摺，再將兩側側縫縫合。將縫份修剪成只留下 3mm，並將縫份稜角以斜線剪掉。
TIP 立領布料請使用 80 支或 100 支的薄布料。

17 翻成正面之後燙平。

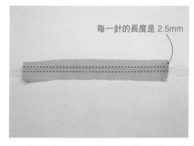

每一針的長度是 2.5mm

18 重新在正面再畫一次完成線，然後在完成線上下各縫一條平針縫線。

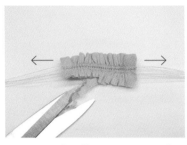

19 拉扯縫線，製造出皺褶。沿著完
成線縫合固定，然後將縫份修剪
成只留下 5mm。

TIP 拉扯縫線後立領的長度，S 尺寸
是 4.5cm，M 尺寸是 6.5cm。

20 將頸圍縫份剪開。

21 將立領貼合在頸圍縫份上，並用
疏縫固定，然後沿著完成線縫
合，縫完再將疏縫線拆除。

22 將頸圍縫份及袖襱縫份剪開，將
袖襱縫份往內摺並縫合，尖褶也
摺好並縫合。

23 將上衣表布和裡布正面對正面貼
合，用珠針固定之後，將後門襟
和頸圍縫合。將頸圍縫份剪開，
並將縫份稜角以斜線剪掉。

TIP 後門襟只要縫到照片中標示虛線
的位置就好。

24 翻成正面並燙平，稍作整理之
後，將立領的皺褶線拆除。

25 將裡布的側縫正面對正面貼合，
用珠針固定之後進行縫合。

26 將上衣前片和上衣後片正面對
正面貼合，用珠針固定之後進
行縫合。將縫份修剪成只留下
3mm，並塗上防綻液，然後將
腋下曲折區域的縫份剪開。

27 翻面之後，將裡布和表布的側縫
縫份朝兩邊分開並燙平。

28 利用裁縫機在裙子的標示線上繡出蜂巢圖樣的刺繡。

TIP 也可以繡上其他圖樣或羽毛繡等刺繡。

29 將裙襬縫份往內摺並燙平，然後將蕾絲縫到裙襬，蕾絲露出來的長度只要 5mm 就好。

30 將裙子的後門襟縫份往內摺並縫合。

每一針的長度是 4mm

↑↑

31 在裙襬的蜂巢圖樣上面繡上雛菊繡，然後縫上珠珠作為裝飾。

32 在腰圍的完成線上下各縫一條平針縫線。

33 配合上衣的腰圍長度拉扯縫線，製造出皺褶。

34 將上衣和裙子的腰圍正面對正面
貼合，用珠針固定之後進行縫
合。這時候裙子的後門襟要對齊
縫份的兩端。

35 將裙子的皺褶線拆除之後，將縫
份修剪成只留下 3mm。

36 將縫份往上衣那邊摺，然後從上
衣的正面沿著腰圍縫合。

37 將腰帶穿入方形環。

　　TIP 腰帶請準備足夠的長度，如果將
腰帶的其中一邊剪成斜角，就會很容
易穿入方形環。

38 將腰帶對齊洋裝的腰圍並縫合。

　　TIP 請注意，不要在腰帶上顯露出縫
線。

39 將多餘的腰帶剪掉。

40 將上衣表布和裡布的後門襟縫份、腰圍縫份稍作整理，用珠針固定之後，表裡布側縫用藏針縫、腰圍用斜針縫縫合。

41 將裡布的袖襱和表布的袖襱正面對正面貼合，用斜針縫縫合。
TIP 請注意，不要在表布的正面顯露出縫線。

42 將上衣後門襟縫份縫合。

43 將珠珠和蝴蝶結縫到上衣前片的U形區域中間，作為裝飾。

44 將裙子的後門襟正面對正面貼合，用珠針固定之後進行縫合。

45 在上衣後門襟縫上珠珠和線環，這樣就完成了。

Dress Look 2
茱莉安

蓋過肩膀的清教徒寬領，加上刺繡和珠珠作為亮點，是一款可愛的洋裝。
袖子可用不同的顏色來製作，或者製作成長袖等等，即使按照喜好賦予變化，也很美麗。

原尺寸紙型•*p251*

·S 尺寸		·M 尺寸	
洋裝布料：60 支棉布、80 支棉布（裡布）		洋裝布料：60 支棉布、80 支棉布（裡布）	
領子布料：60 支棉布、80 支棉布（裡布）		領子布料：60 支棉布、80 支棉布（裡布）	
繡線：分離成一股一股後再使用		繡線：分離成一股一股後再使用	
裙襬蕾絲（寬 1～1.5cm）：39cm		裙襬蕾絲（寬 1～1.5cm）：41cm	
腰帶（寬 3mm）＊材質可用棉、麂皮或聚酯纖維：11cm		腰帶（寬 3mm）＊材質可用棉、麂皮或聚酯纖維：12cm	
方形環（6×5mm）：1 個		方形環（6×5mm）：1 個	
門襟珠珠（2.5mm）：3 個		門襟珠珠（2.5mm）：3 個	
裝飾用極小珠珠：適量		裝飾用極小珠珠：適量	
緞帶蝴蝶結（寬 4mm）：1 個		緞帶蝴蝶結（寬 4mm）：1 個	

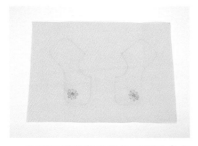

1 按照紙型將領子描繪到領子表布的正面，然後在既定位置繡上雛菊繡。

TIP 紙型畫在布料的正面，比較好刺繡。

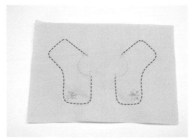

2 將領子表布貼合到裡布上面，沿著領子邊緣（照片中虛線處）縫合。

3 修剪縫份，頸圍縫份留 5mm、領子邊緣縫份只留 3mm，然後將曲線區域的縫份剪開。

4 翻成正面並燙平之後，沿著領子邊緣縫合。

5 將上衣前片的腰間尖褶摺好並縫合。由外（縫份這一側）往內將尖褶縫合後，要倒退做回針。

TIP 由外往內縫合後，倒退做回針，順便再縫一次，尖褶頂點的線頭才不會散開。

6 將上衣前片和上衣後片正面對正面貼合，並縫合肩線。

7 將肩線縫份朝兩邊分開並燙平。

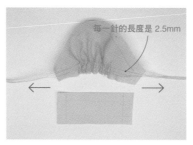

8 在袖底的完成線上下各縫一條平針縫線，然後配合袖口的長度拉扯縫線，製造出皺褶。

9 將袖底和袖口正面對正面貼合，縫合之後將縫份修剪成只留下 3mm。

  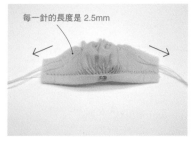

每一針的長度是 2.5mm

10 將袖口翻摺兩次，像要把縫份包覆起來那樣，稍作整理並進行熨燙。

11 在袖口的正上方進行縫合，然後將兩個珠珠縫到袖口中間作為裝飾。

12 在袖山弧線的完成線上下各縫一條平針縫線，然後配合上衣的袖襱長度拉扯縫線，製造出皺褶。

13 將上衣和袖子的袖襱正面對正面貼合，在完成線往內 1〜2mm 處用疏縫固定。

14 沿著完成線縫合袖襱，然後將皺褶線及疏縫線拆除，並將縫份修剪成只留下 3mm。

15 將袖襱縫份塗上防綻液。

16 將領子貼合到上衣的正面，用珠針固定之後縫合頸圍。

17 上衣裡布按照紙型裁好之後，將袖襱縫份剪開，往內摺並縫合。胸口下方的尖褶也摺好並縫合。

18 將上衣表布和裡布正面對正面貼合，用珠針固定。

19 將後門襟和頸圍縫合，然後將頸圍縫份剪開，並將縫份稜角以斜線剪掉。

TIP 後門襟只要縫到照片中標示虛線的位置就好。

20 翻成正面，將頸圍燙平。

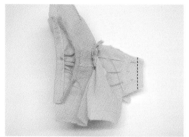

21 將裡布正面對正面貼合，用珠針固定之後縫合側縫。

22 將上衣前片和上衣後片正面對正面貼合，用珠針固定之後縫合側縫。

23 將縫份修剪成只留下 3mm，並塗上防綻液，然後將腋下曲線區域的縫份剪開。

24 將裡布和表布的側縫縫份朝兩邊分開並燙平。

25 翻面之後稍作整理。

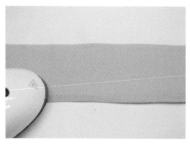

26 裙子按照紙型裁好之後，將裙襬縫份往內摺並燙平。

27 將蕾絲縫到裙襬，蕾絲露出來的長度只要 5mm 就好。

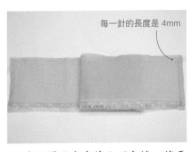

每一針的長度是 4mm

28 將裙子的後門襟縫份往內摺並縫合。

29 在腰圍的完成線上下各縫一條平針縫線。

30 拉扯上縫線，製造出皺褶。

31 將上衣和裙子的腰圍正面對正面貼合，並用珠針固定之後進行縫合。這時候裙子的後門襟要對齊縫份的兩端。

32 將縫份修剪成只留下 3mm。

33 將縫份往上衣那邊摺，然後從上衣的正面沿著腰圍縫合。

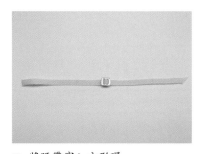

34 將腰帶穿入方形環。

> TIP 腰帶請準備足夠的長度，如果將腰帶的其中一邊剪成斜角，就會很容易穿入方形環。

35 將腰帶對齊洋裝的腰圍，用半回針縫縫合，然後將多餘的腰帶剪掉。

> TIP 為了不要讓腰帶上有太多縫線痕跡，只要稍微縫一下就好。

36 將上衣表布和裡布的後門襟縫份、腰圍縫份往內摺，用珠針固定之後，表裡布側縫用藏針縫、腰圍用斜針縫縫合。

37 將上衣後門襟縫份縫合。

38 從上衣後面的兩片領子內側分別穿縫一針到衣服上，使領子固定不亂飄。

39 將裡布的袖襱和表布的袖襱正面對正面貼合，用斜針縫縫合。

> TIP 請注意，不要在表布的正面顯露出縫線。

40 在上衣前片的領子縫上珠珠作為裝飾。

41 從上衣前面的兩片領子中間穿縫 1～2 針到衣服上，使領子固定不亂飄。

42 縫上蝴蝶結作為裝飾。

43 將裙子的後門襟正面對正面貼合，用珠針固定之後進行縫合。

44 在上衣後門襟縫上珠珠和線環，這樣就完成了。

瑪儂

既古典又時尚，是一款充滿魅力的洋裝。
上衣加入心形胸線，避免過於單調，使用金屬蕾絲，賦予成熟幹練的感覺。

原尺寸紙型 • *p255*

·S 尺寸

洋裝布料：60 支棉布、80 支棉布（裡布、領子、袖子）	
金屬蕾絲（寬 4cm）：6cm	
袖子蕾絲（寬 1～1.5cm）：18cm	
裙子蕾絲（寬 1～1.5cm）：39cm	
裝飾用極小珠珠：6 個	
門襟珠珠（2.5mm）：3 個	
緞帶蝴蝶結（寬 4mm）：1 個	

·M 尺寸

洋裝布料：60 支棉布、80 支棉布（裡布、領子、袖子）	
金屬蕾絲（寬 4cm）：7cm	
袖子蕾絲（寬 1～1.5cm）：20cm	
裙子蕾絲（寬 1～1.5cm）：41cm	
裝飾用極小珠珠：6 個	
門襟珠珠（2.5mm）：3 個	
緞帶蝴蝶結（寬 4mm）：1 個	

1 在裁得比上衣前片還要大的布料中間，畫三條間距為 5mm 的縱向直線，然後沿著中間那條線剪開。分別將縫份塗上防綻液。

2 將剪開的布料正面對正面貼合並縫合。

3 將縫份朝兩邊分開並燙平。

4 翻到布料正面，於中心線的左右兩側各縫一條線。

5 將寬 4cm 的金屬蕾絲放到布料上，並覆蓋布料約三分之一的面積，用珠針固定之後，沿著蕾絲邊緣縫合。

6 配合蕾絲的位置，從布料的反面按照紙型描繪出上衣前片，然後在蕾絲覆蓋的區域，沿著完成線往外 1mm 處縫合。

7 將胸前的尖褶摺好，然後沿著完成線縫合。

8 將上衣前片和上衣後片正面對正面貼合，並縫合肩線。這時候不要將縫份朝兩邊分開，而是將縫份往上衣後片那邊摺。

9 從上衣後片正面沿著肩線縫合。

165

10 在裁得比兩邊袖子還要大的布料中間，畫三條間距為 5mm 的橫向直線，然後沿著中間那條線剪開。分別將縫份塗上防綻液。

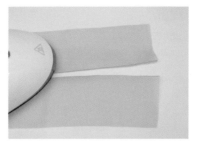

11 將縫份往內摺並燙平。

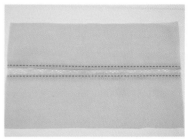

12 將袖子蕾絲放在剪裁好的兩塊布料中間並縫合。這時候，袖子上半部要覆蓋在蕾絲上緣，而蕾絲下緣要覆蓋在袖子下半部。

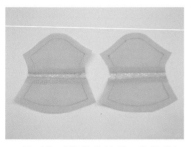

13 按照紙型描繪出袖子，然後進行剪裁。

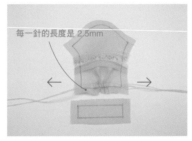

14 在袖底的完成線上下各縫一條平針縫線，配合袖口的長度拉扯縫線，製造出皺褶。

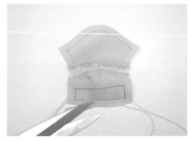

15 將袖底和袖口正面對正面貼合並縫合，然後將縫份修剪成只留下 3mm。

16 將袖口翻摺兩次，像要把縫份包覆起來那樣，接著在袖口的正上方進行縫合。

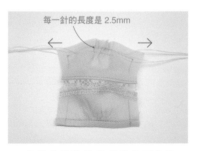

17 在袖山弧線的完成線上下各縫一條平針縫線，然後拉扯縫線，製造出皺褶。

18 將袖子和上衣的袖襱正面對正面貼合，在完成線往內 1～2mm 處用疏縫固定。

19 沿著完成線縫合袖襱，然後將皺褶線及疏縫線拆除。將縫份修剪成只留下 3mm，並塗上防綻液。另一邊袖子也用相同的方法進行縫製。

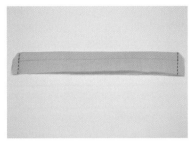

20 荷葉立領按照紙型裁好之後，先對半摺，再沿著兩側完成線縫合。

TIP 荷葉立領的布料請使用 80 支或 100 支的薄布料。

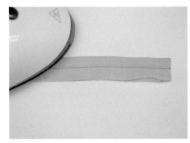

21 翻成正面之後燙平。

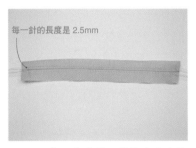

每一針的長度是 2.5mm

22 正面畫上完成線，然後在完成線上下各縫一條平針縫線。

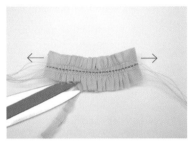

23 拉扯縫線，製造出皺褶。沿著完成線縫合固定，然後將縫份修剪成只留下 5mm。

TIP 拉扯縫線後立領的長度，S 尺寸是 4.5cm，M 尺寸是 6.5cm。

24 將上衣的頸圍縫份剪開。

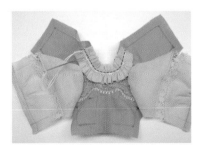

25 立領沿著頸圍貼合到上衣上，用疏縫固定之後縫合。

26 上衣裡布按照紙型裁好之後，將袖襱縫份剪開，往內摺並縫合，再將胸口下方的尖褶摺好並縫合。將頸圍縫份剪開。

27 將上衣表布和裡布正面對正面貼合，用珠針固定之後，將後門襟和頸圍縫合。將頸圍縫份剪開，並將縫份稜角以斜線剪掉。

TIP 後門襟只要縫到照片中標示虛線的位置就好。

28 翻成正面,將頸圍燙平,並調整
立領的形狀。將立領的皺褶線拆
除。

29 將裡布的側縫正面對正面貼合,
用珠針固定之後,沿著完成線縫
合。

30 將上衣前片和上衣後片正面對正
面貼合,用珠針固定之後,沿著
完成線縫合。將縫份修剪成只留
下 3mm,並塗上防綻液。將腋
下曲折區域的縫份剪開。

31 翻成正面。

32 將裡布和表布的側縫縫份朝兩邊
分開並燙平。

33 裙子按照紙型裁好之後,將裙襬
進行滾邊縫。

   TIP 也可以在縫份塗上防綻液,接著
   將縫份往內摺並燙平,然後再進行縫
   合。

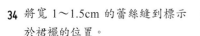

34 將寬 1～1.5cm 的蕾絲縫到標示於裙襬的位置。

35 將裙子的後門襟縫份往內摺並縫合。

每一針的長度是 4mm

36 在腰圍的完成線上下各縫一條平針縫線。

37 配合上衣的腰圍長度拉扯縫線，製造出皺褶。

38 將上衣和裙子的腰圍正面對正面貼合，用珠針固定之後，沿著完成線縫合。這時候裙子的後門襟要對齊縫份的兩端。將裙子的皺褶線拆除。

39 將縫份修剪成只留下 3mm，接著將縫份往上衣那邊摺，然後從上衣的正面沿著腰圍縫合。

40 將上衣裡布和表布的後門襟縫份、腰圍縫份稍作整理，用珠針固定。表裡布側縫用藏針縫、腰圍用斜針縫縫合。

41 將裡布的袖襱和表布的袖襱正面對正面貼合，用斜針縫縫合。

TIP 請注意，不要在表布的正面顯露出縫線。

42 將上衣的後門襟縫份縫合。

43 將蝴蝶結和珠珠縫到上衣正面作為裝飾。

44 將裙子的後門襟正面對正面貼合，用珠針固定之後，縫合到標示的位置。

45 在上衣後門襟縫上珠和線環，這樣就完成了。

PART

4

ETC

出門的時候總是會煩惱要提哪一個包包、要戴哪一頂帽子才好。
這是因為小小的配件也會影響整體造型。娃娃的服裝也是這樣喔！
試著製作綁帶軟帽、襪子、環保購物袋、圍巾等各式各樣的配件吧！
一起來體驗看看，藉由一個小小的配件而使平凡的娃娃變特別吧！

鐵絲髮帶

展現出可愛活潑感的配件。
在髮帶裡面加入鐵絲，輕而易舉就能製作出來。試著和休閒服飾搭配看看吧。

原尺寸紙型 • *p259*

·S 尺寸	布料：60 支棉布
	鐵絲：18cm
·M 尺寸	布料：60 支棉布
	鐵絲：34cm

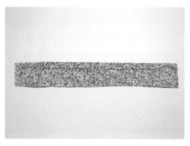

1 將布料對半摺，按照紙型描繪出
髮帶後，縫合開口處以外的部
分。

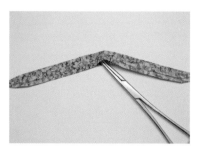

2 將縫份修剪成只留下 3mm 之
後，利用反裡鉗從開口處翻面。

3 由於髮帶的寬度很窄，用反裡鉗
會沒辦法完全翻面，兩端的稜角
要用粗一點的針穿刺過去，再輕
輕地拉出來。

4 燙平。

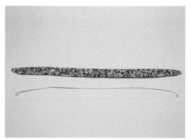

5 將鐵絲剪成符合髮帶的長度，並
將鐵絲兩端捲成彎曲狀。

6 將鐵絲從開口處穿進去，用藏針
縫縫合開口，這樣就完成了。

Dress Look 2

綁帶軟帽

將衣服表現得既浪漫又可愛的最佳配件。
從鄉村風洋裝到華麗風洋裝，無論搭配怎樣的衣服，都能展現出可愛的感覺。
若是搭配設計簡約的洋裝，就能成為整體造型的亮點。

原尺寸紙型 • *p260*

· **S 尺寸**　布料：60 支花紋棉布、60 支棉布（裡布）

帽簷蕾絲（寬 1～1.5cm）：18cm

裝飾蕾絲（寬 4cm）：40cm

綁帶蕾絲（寬 5mm）：50cm

黏著貼紙：11×7cm

製作裝飾花的蕾絲（寬 1cm）：6cm（選配）

· **M 尺寸**　布料：60 支花紋棉布、60 支棉布（裡布）

帽簷蕾絲（寬 1～1.5cm）：36cm

裝飾蕾絲（寬 4cm）：90cm

綁帶蕾絲（寬 5mm）：70cm

黏著貼紙：20×13cm

製作裝飾花的蕾絲（寬 1cm）：6cm（選配）

1 帽簷按照紙型裁好之後，將帽簷
蕾絲剪開，剪的深度為蕾絲寬度
的三分之二。

TIP 在布料的正面畫上紙型，比較好
作業。

2 將蕾絲貼合在帽簷的正面上曲線
完成線往內 2mm 處，然後進行
疏縫。這時候蕾絲被剪開的部分
要朝外。

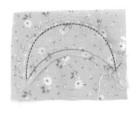

3 將帽簷的表布和裡布正面對正面
貼合，用黏著貼紙固定之後，沿
著完成線縫合。

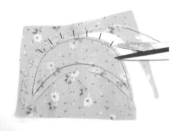

4 將縫著蕾絲的上曲線縫份修剪
成只留下 3mm，並將縫份剪
開。下曲線縫份則修剪成留下
5mm。

5 翻到正面並燙平，將露出來的縫
份剪掉。

TIP 如果熨斗的溫度太高，導致黏著
貼紙融化，就會使布料產生皺褶，因此
必須好好調整熨斗的溫度。

6 將帽簷的上曲線縫合。

褶襇寬度為 1cm

7 將裝飾蕾絲一邊摺，一邊貼合在
帽簷的內面，每一個褶襇的寬為
1cm，然後用疏縫固定。

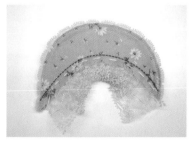

8 從帽簷的正面沿著完成線縫合。

9 將多餘的蕾絲剪掉，並將下曲線
的縫份剪開。

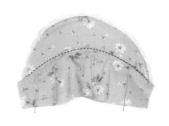

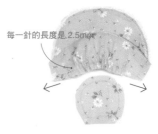

每一針的長度是2.5mm

10 帽身表布按照紙型裁好之後，將平邊縫份往內摺並燙平。

11 將帽身的平邊貼合到帽簷正面的下曲線，用珠針固定之後縫合。

12 在帽身弧形邊的完成線上下各縫一條平針縫線，配合帽頂周長拉扯縫線，製造出皺褶。將帽頂表布按照紙型裁好。

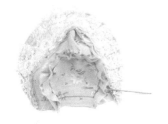

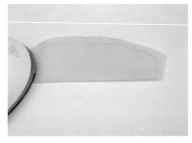

13 將帽身和帽頂的縫份正面對正面貼合，並用疏縫固定。

14 沿著完成線縫合。

15 將帽身裡布按照紙型裁好之後，將平邊縫份往內摺並燙平。

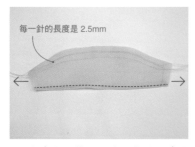

每一針的長度是 2.5mm

16 平邊縫份燙好之後，在弧形邊的完成線上下各縫一條平針縫線。配合帽頂周長拉扯縫線，製造出皺褶。

17 將帽身裡布和帽頂裡布正面對正面貼合，用珠針固定之後縫合。

18 將綁帶軟帽的表布和裡布正面對正面貼合，用珠針固定之後縫合底邊。

19 將綁帶貼合到軟帽正面的帽身平邊邊緣，然後進行縫合。

20 將軟帽的裡布摺到帽子內面並稍作熨燙。

21 將軟帽翻面，使裡布包覆在表布外面，將帽身平邊用斜針縫縫合。

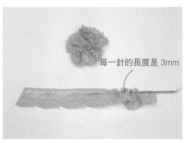 

每一針的長度是 3mm

22 在製作裝飾花的蕾絲平邊縫上兩條平針縫線，然後拉扯縫線，製作成花的形狀。

23 將蕾絲花縫到軟帽的帽身，這樣就完成了。

Dress Look 3
裙撐

使裙子輪廓更好看的必備單品，試著製作裙撐，並穿到洋裝裡面吧！
這樣就會誕生完成度超高的洋裝。非常適合和露肩小禮服、艾維安、茉莉安、瑪儂搭配。

原尺寸紙型•*p262*

·S 尺寸　網紗布料：38×6.5cm

　　　　蕾絲（寬 1～1.5cm）：38cm

　　　　鬆緊帶（寬 2mm）：20～25cm

·M 尺寸　網紗布料：40×7.5cm

　　　　蕾絲（寬 1～1.5cm）：40cm

　　　　鬆緊帶（寬 2mm）：20～25cm

＊上述尺寸是以露肩小禮服、艾維安、茉莉安、瑪儂為基準。

＊製作時，請依照裙長調整網紗長度。

1 按照紙型描繪到網紗布料上，並完成剪裁。

2 將蕾絲縫到裙襬縫份上面。

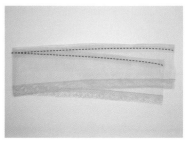

3 將腰圍縫份摺到虛線處並沿著完成線縫合。

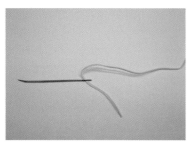

4 將鬆緊帶穿入鬆緊帶穿帶器或毛線縫針備用。

TIP 鬆緊帶請準備足夠的長度。

5 使穿入鬆緊帶的針通過腰圍線之間的通道。將腰圍製造出長度為6cm（M 尺寸 7cm）的皺褶，並用珠針固定。

TIP 此長度不包含縫份。

6 將後門襟正面對正面貼合，用珠針固定之後進行縫合，接著將多餘的鬆緊帶剪掉。用打火機的火稍微燒一下鬆緊帶剪裁的邊緣，確保邊緣不會散開。

7 將後門襟的縫份朝某一邊摺，然後從正面縫合。

8 翻到正面，將蝴蝶結縫到腰圍正中間，這樣就完成了。

襪子

時尚的完成得靠襪子。然而，圓筒針織布或材質為彈性纖維的布料太有彈性，所以比想像中還難縫製。
我要告訴大家一個小妙招，輕輕鬆鬆就能使用彈性很好的布料縫製出襪子。

原尺寸紙型•*p263*

·S 尺寸	布料：圓筒針織布或彈性蕾絲	·M 尺寸	布料：圓筒針織布或彈性蕾絲
	紙厚等同一般 A4 影印紙的紙： 4×7cm 1 張、6×7cm 1 張		紙厚等同一般 A4 影印紙的紙： 5×8cm 1 張、7×8cm 1 張
	裝飾蕾絲（寬 4cm）：40cm		裝飾蕾絲（寬 4cm）：90cm
	黏著膠帶（寬 5mm）：5cm		黏著膠帶（寬 5mm）：6cm

1 將針織或蕾絲這類彈性很好的布料裁得比襪子還要大，然後準備好長度符合襪口寬的黏著膠帶。

TIP 如果是使用蕾絲，因為不需要處理縫份，所以可以省略使用黏著膠帶的步驟。

2 將黏著膠帶貼在襪口，並將襪口往下摺，像要把黏著膠帶包覆起來那樣，然後進行熨燙。

3 將布料正面和正面對半摺。準備兩張符合襪子大小且紙厚等同一般 A4 影印紙的紙，在其中一張紙的右上角描繪出襪子的紙型。

4 將襪子的布料放到空白的紙上，再將畫有紙型的紙放到布料上。用珠針固定之後，沿著完成線縫合。這時候，縫線不要打結在趾尖的位置，請再往前多縫 5mm 左右。

5 將畫有紙型的紙撕除。

TIP 將棉花棒沾水，沿著縫線輕輕點壓，這樣就能輕易地把紙撕除！

6 另一張紙也撕除之後，將縫份修剪成只留下 2～3mm。

7 翻到正面就完成了。

TIP 絲襪、手套也是用一樣的方法來製作。

環保購物袋

製作方式簡單，又能成為一大亮點。
可根據喜好縫上蝴蝶結、珠珠、刺繡等，做各式各樣的裝飾。

原尺寸紙型 • p264

· S 尺寸　布料：20 支亞麻布（袋身）、
　　　　　　40 支平織布（底部）

背帶（寬 3～4mm）＊材質可用皮革、麂皮：9cm

繡線：適量

· M 尺寸　布料：20 支亞麻布（袋身）、
　　　　　　40 支平織布（底部）

背帶（寬 3～4mm）＊材質可用皮革、麂皮：10cm

繡線：適量

1 按照紙型描繪出袋身前片,然後
繡上刺繡。

2 各部位按照紙型裁好之後,將縫
份塗上防綻液。

3 將袋身前片和袋身後片的袋口縫
份往內摺,並用珠針將背帶固定
好之後,縫上兩條間距為 3mm
的橫向直線。

4 將袋身前片、袋身後片和底部正
面對正面貼合並縫合,然後將縫
份朝底部那邊摺,從正面沿著底
部邊緣縫合。

5 對半摺並用珠針固定,然後縫合
側縫。

6 將底部兩側縫份剪開,再將縫份
朝兩邊分開並燙平。

7 壓住底部調整形狀,用珠針固定
後縫合。

8 翻到正面並調整形狀,這樣就完
成了。

Dress Look 6

玫瑰花束

用緞帶和鐵絲就能製作出美麗的玫瑰花束。
試著挑選各種顏色的緞帶來製作看看吧！使娃娃服裝更加豐富多彩！

·S 尺寸	緞帶（4mm×5cm）：50 條
	花藝鐵絲（4cm）：50 條
	花藝膠帶：適量
	雙面膠帶（5mm）：適量
	彈力線：適量

1 將雙面膠帶剪成 2cm 長,將作為花莖的花藝鐵絲疊放約 1cm 在雙面膠帶上。

2 將雙面膠帶往下對摺,像是把花藝鐵絲前端包覆起來那樣,然後將雙面膠帶的白色紙撕掉。

3 用手按壓雙面膠帶,使它貼合在花藝鐵絲上。

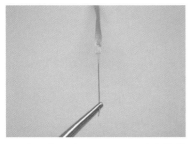

4 將緞帶的前端 5mm 貼到花藝鐵絲上。

5 將緞帶以斜角往下摺。

6 一邊將緞帶往外摺,一邊轉動花藝鐵絲,製作成玫瑰花的樣子。

7 將綠色的花藝膠帶從玫瑰花底部往下繞圈黏,製作出花托。用相同的方法製作出許多玫瑰花。

8 將完成的玫瑰花聚集起來,用彈力線綁成一束花束。

9 調整花束形狀,使上端呈圓弧狀。用花藝膠帶纏好之後,綁上蕾絲或緞帶,這樣就完成了。

頭巾

為了避免後端翹起來而加入尖褶，是這款頭巾的亮點，
若是搭配可愛風或休閒系服裝，看起來會更優雅、更有型喔！

原尺寸紙型 • *p265*

·**S 尺寸**　　布料：80 支棉布

·**M 尺寸**　　布料：80 支棉布

1 按照紙型裁好之後,將尖褶分別摺好並縫合。將縫份修剪成只留下 3mm。

2 沿著對角線摺好,用珠針固定之後,將除了開口處以外的部分縫合。

3 將縫份修剪成只留下 3～4mm。並將縫份稜角以斜線剪掉,再把尖褶下方的曲線區域縫份剪開。

4 利用反裡鉗從開口處翻面,然後用錐子調整稜角。

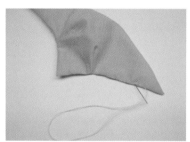

5 用藏針縫縫合開口。

6 稍作熨燙就完成了。

圍巾

非常適合用來呈現季節感的配件。

隨意地圍在設計簡約的衣服上，就能成為一大亮點。雖然製作方法簡單，卻能展現出有型的穿搭。

原尺寸紙型 • *p266*

· **S 尺寸**　　布料：60 支紗布

· **M 尺寸**　　布料：60 支紗布

 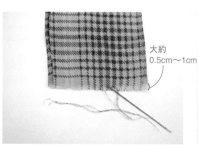 

大約
0.5cm～1cm

1　以直布紋方向按照紙型裁好之後，將側縫進行滾邊縫。

2　利用縫針將圍巾兩端的緯紗（布料中橫向放置的紗線）拆除，每1～2條一起拆。

3　用噴霧器將水噴灑在圍巾上，噴個2～3次，然後像是要把它擰乾一樣扭緊，製造出自然皺褶。

原尺寸紙型

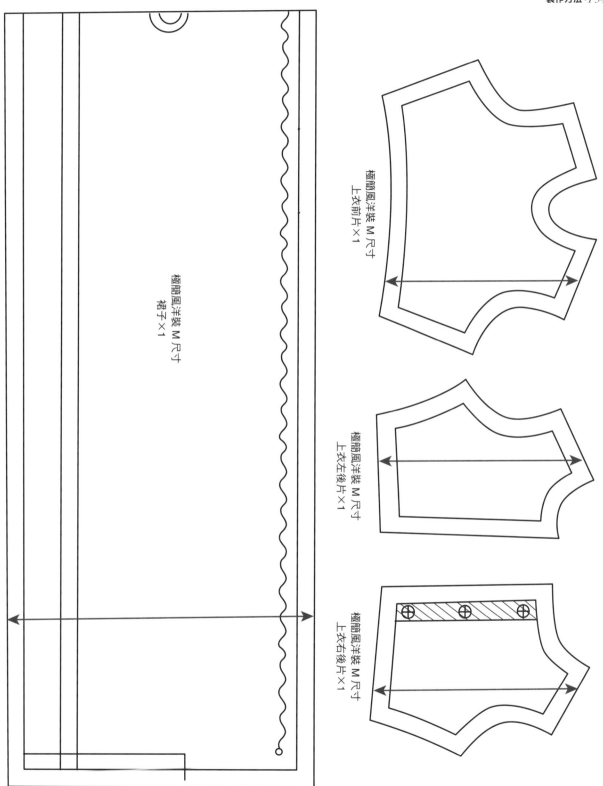

極簡風洋裝 M 尺寸
上衣前片×1

極簡風洋裝 M 尺寸
上衣左後片×1

極簡風洋裝 M 尺寸
上衣右後片×1

極簡風洋裝 M 尺寸
裙子×1

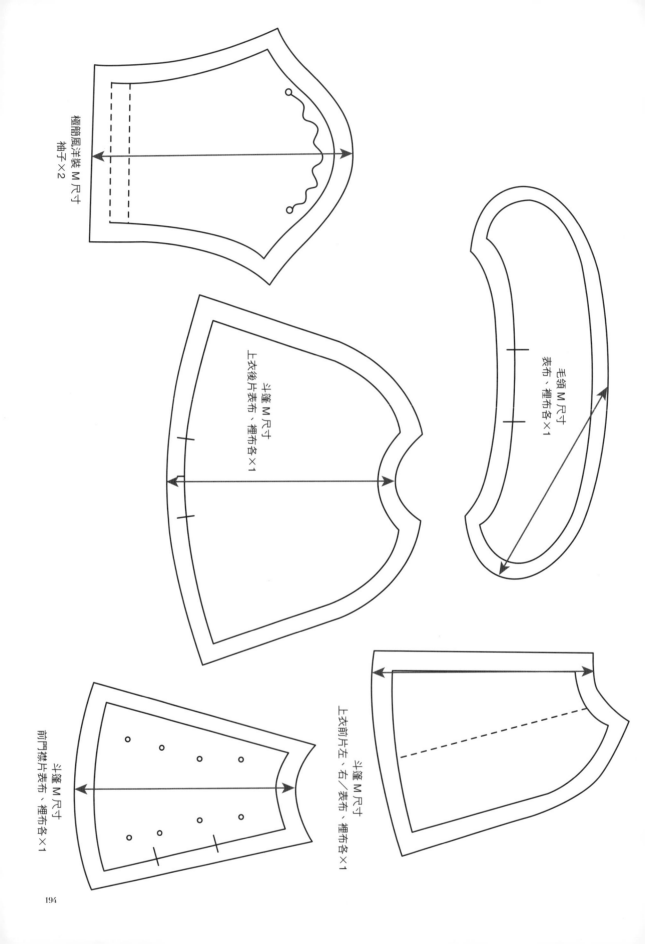

極簡風洋裝 M 尺寸
袖子 ×2

毛領 M 尺寸
表布、裡布各 ×1

斗篷 M 尺寸
上衣後片表布、裡布各 ×1

斗篷 M 尺寸
上衣前片左、右／表布、裡布各 ×1

斗篷 M 尺寸
前門襟片表布、裡布各 ×1

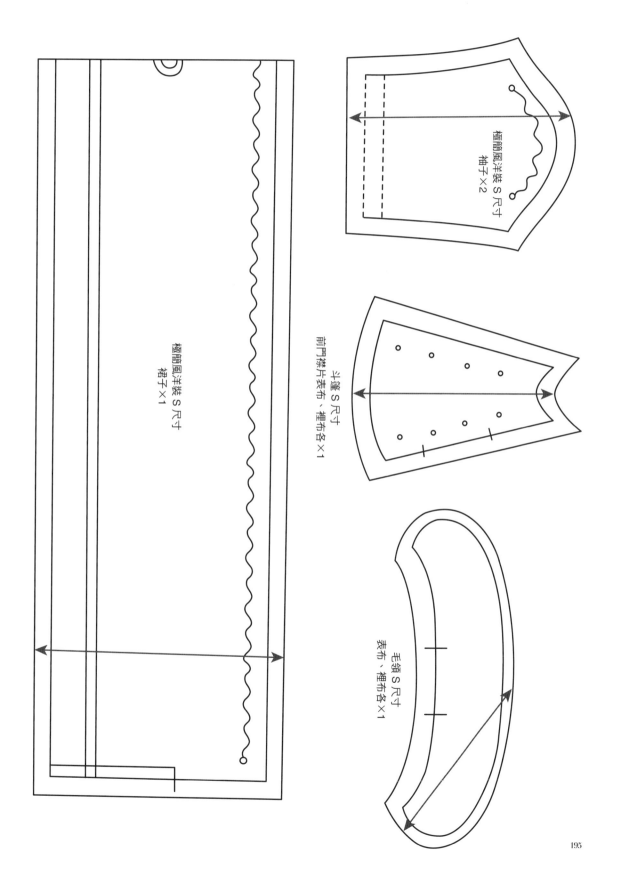

極簡風洋裝 S 尺寸
袖子×2

斗篷 S 尺寸
前門襟片表布、裡布各×1

毛領 S 尺寸
表布、裡布各×1

極簡風洋裝 S 尺寸
裙子×1

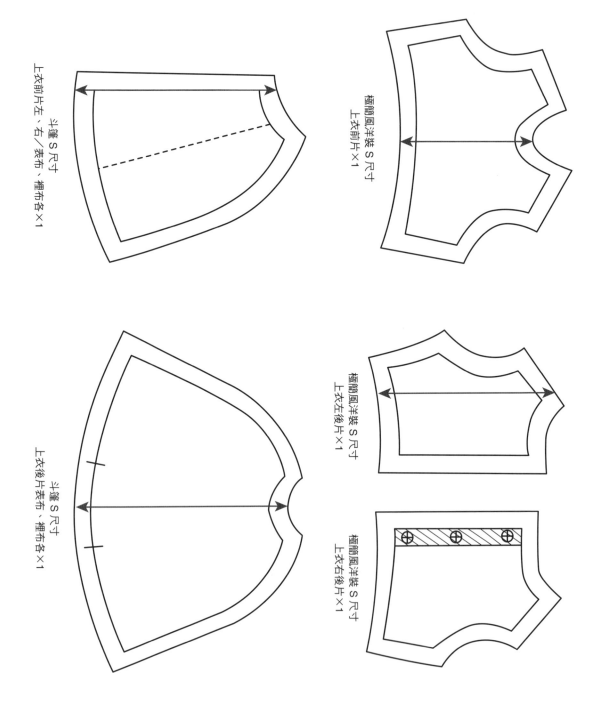

極簡風洋裝 S 尺寸
上衣前片×1

上衣前片左、右／表布、裡布各×1
斗篷 S 尺寸

極簡風洋裝 S 尺寸
上衣左後片×1

極簡風洋裝 S 尺寸
上衣右後片×1

上衣後片表布、裡布各×1
斗篷 S 尺寸

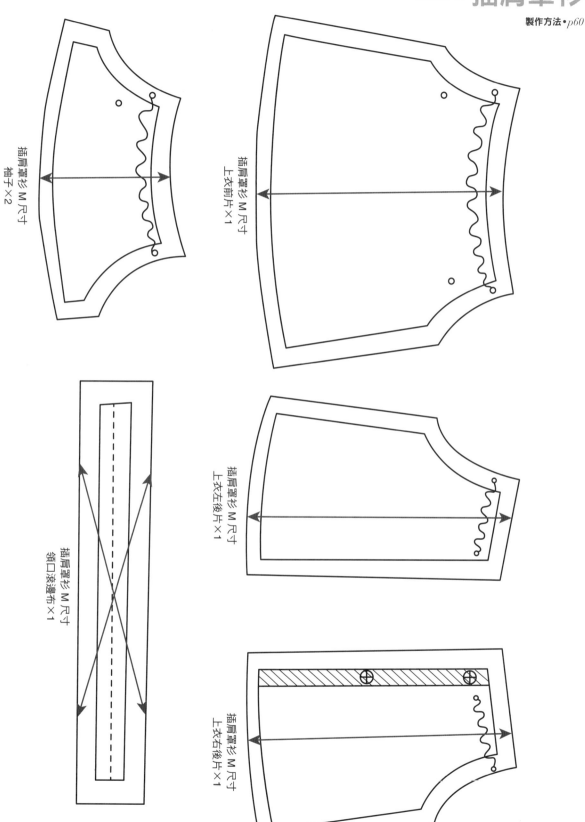

插肩罩衫 M尺寸
袖子×2

插肩罩衫 M尺寸
上衣前片×1

插肩罩衫 M尺寸
上衣左後片×1

插肩罩衫 M尺寸
領口滾邊布×1

插肩罩衫 M尺寸
上衣右後片×1

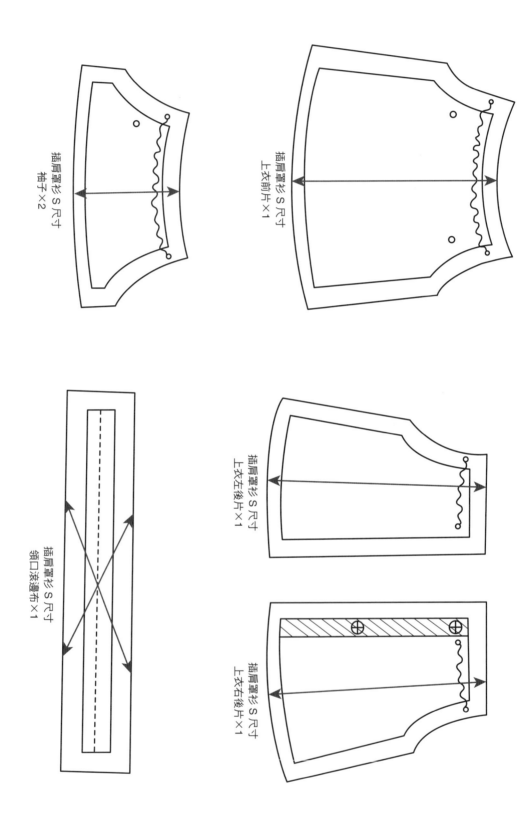

插肩罩衫 S 尺寸
袖子×2

插肩罩衫 S 尺寸
上衣前片×1

插肩罩衫 S 尺寸
上衣左後片×1

插肩罩衫 S 尺寸
領口滾邊布×1

插肩罩衫 S 尺寸
上衣右後片×1

吊帶裙 M 尺寸
腰帶×1

吊帶裙 M 尺寸
裙子×1

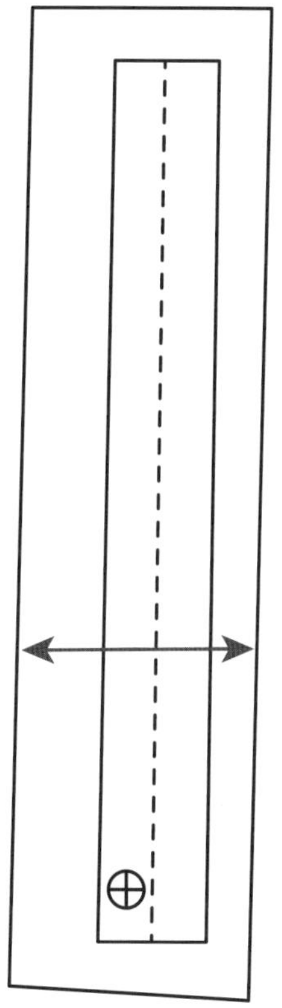

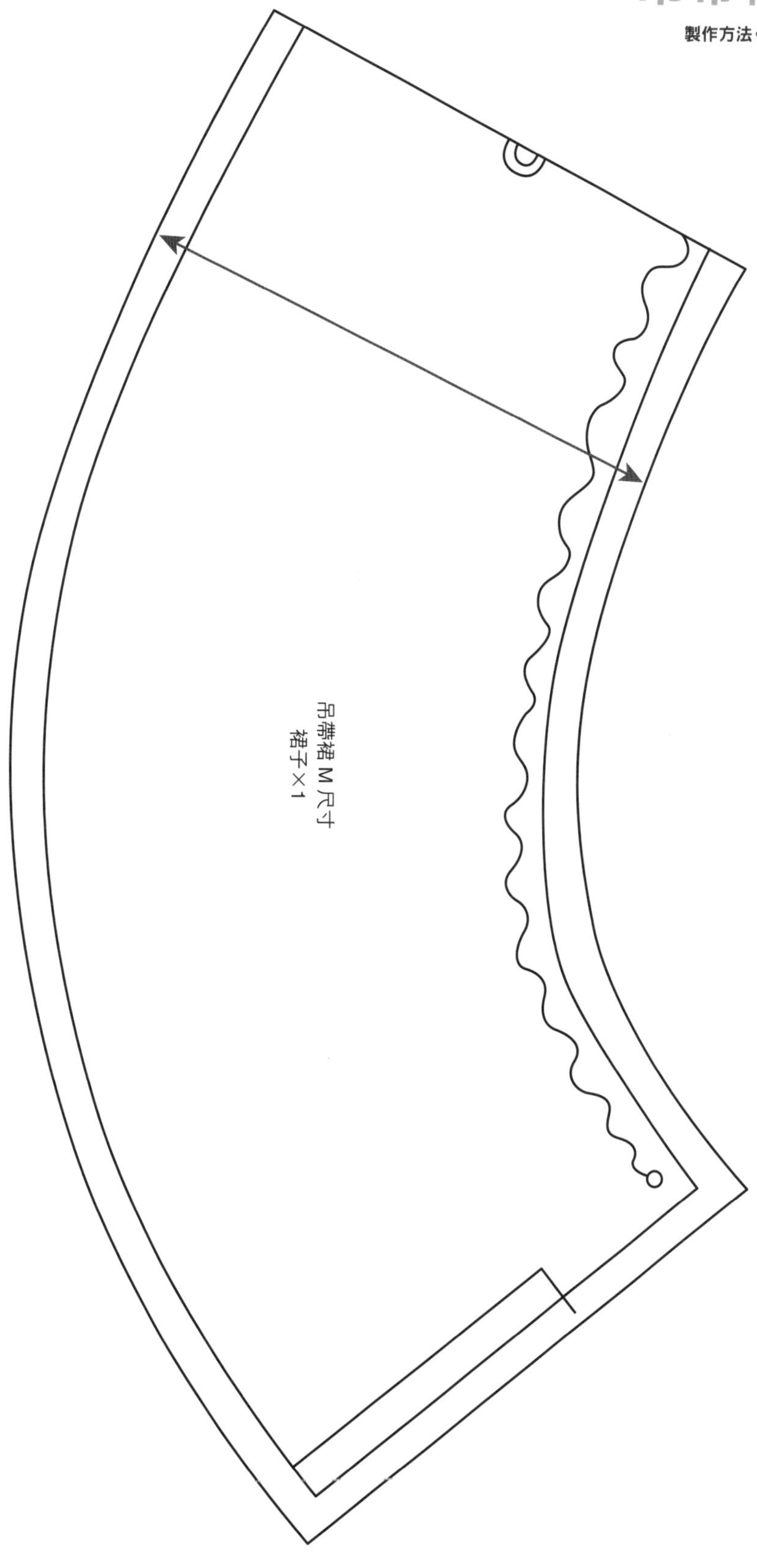

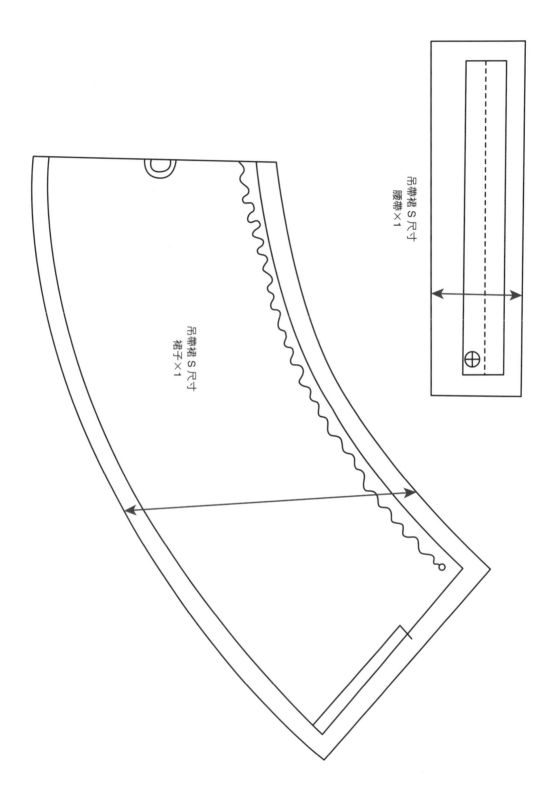

吊帶裙 S 尺寸
腰帶×1

吊帶裙 S 尺寸
裙子×1

200

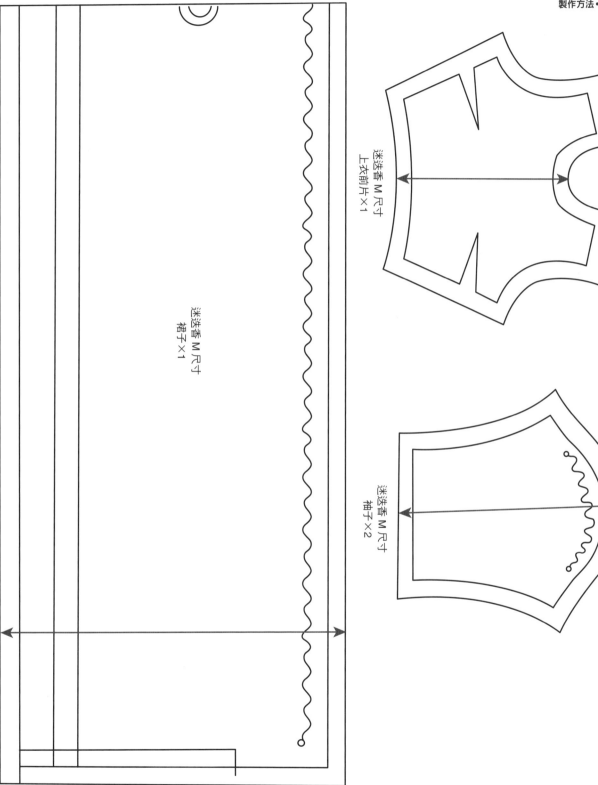

迷迭香 M 尺寸
上衣前片×1

迷迭香 M 尺寸
裙子×1

迷迭香 M 尺寸
袖子×2

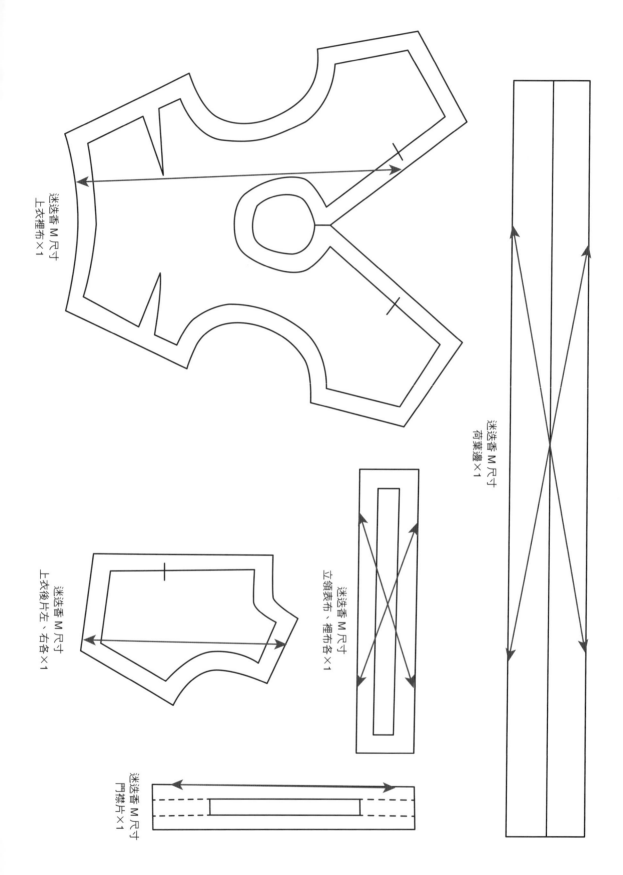

迷迭香 M 尺寸
上衣裡布×1

迷迭香 M 尺寸
荷葉邊×1

迷迭香 M 尺寸
上衣後片左、右各×1

迷迭香 M 尺寸
立領表布、裡布各×1

迷迭香 M 尺寸
門襟片×1

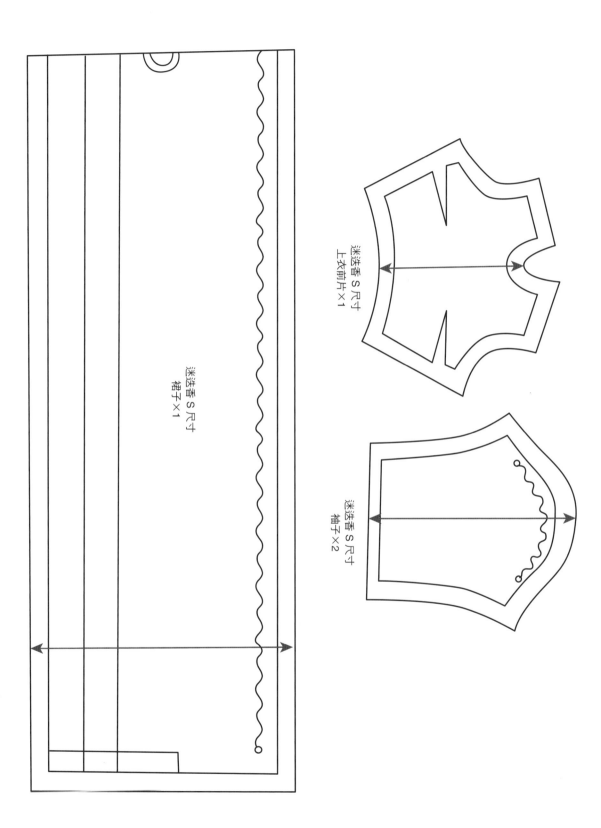

迷途者 S 尺寸
上衣前片×1

迷途者 S 尺寸
袖子×2

迷途者 S 尺寸
裙子×1

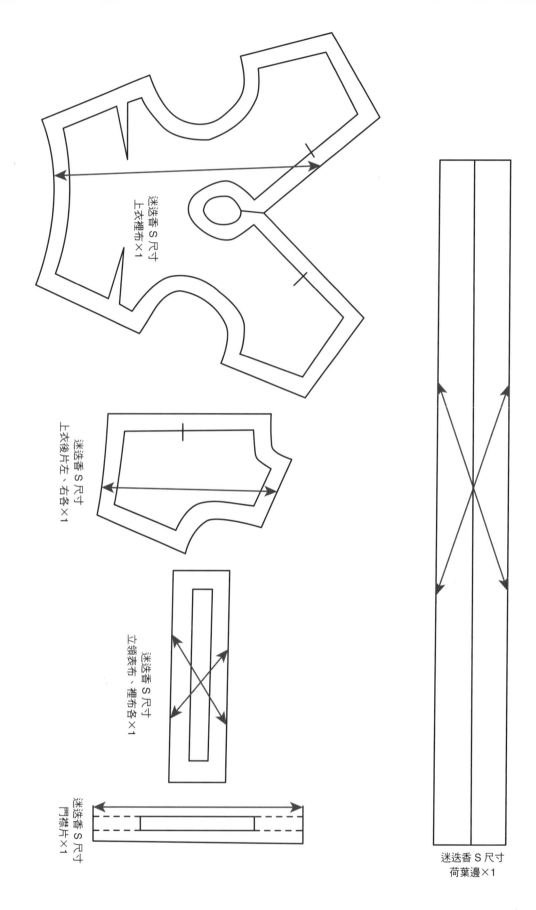

迷迭香 S 尺寸
上衣裡布×1

迷迭香 S 尺寸
上衣後片左、右各×1

迷迭香 S 尺寸
立領表布、裡布各×1

迷迭香 S 尺寸
門襟片×1

迷迭香 S 尺寸
荷葉邊×1

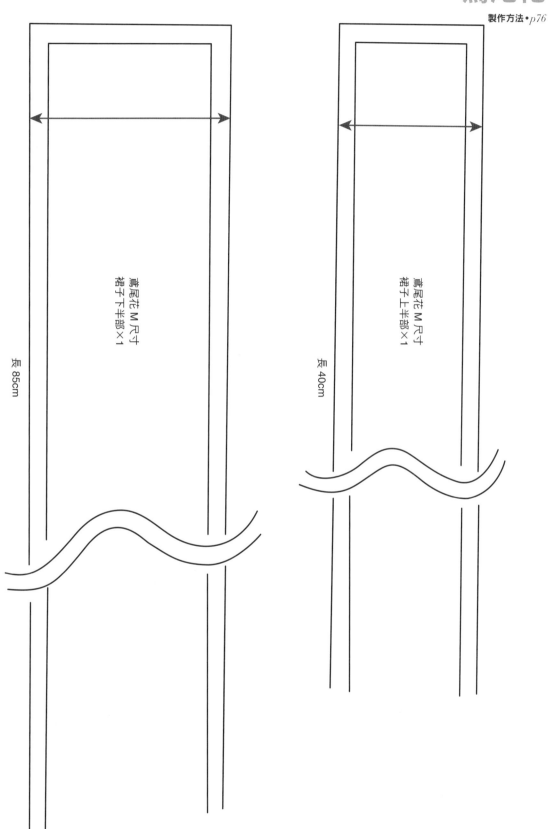

鳶尾花 M 尺寸
裙子下半部×1

長 85cm

鳶尾花 M 尺寸
裙子上半部×1

長 40cm

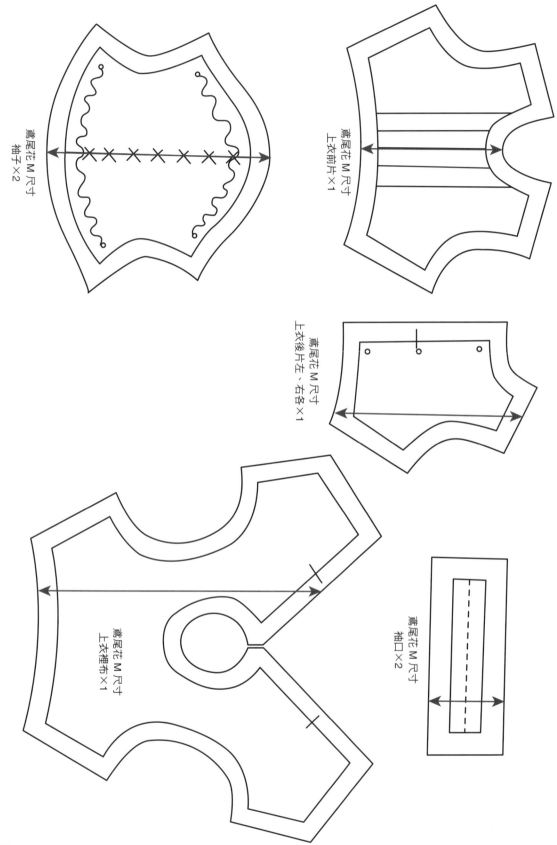

鳶尾花 M 尺寸
袖子×2

鳶尾花 M 尺寸
上衣前片×1

鳶尾花 M 尺寸
上衣後片左、右各×1

鳶尾花 M 尺寸
上衣裡布×1

鳶尾花 M 尺寸
袖口×2

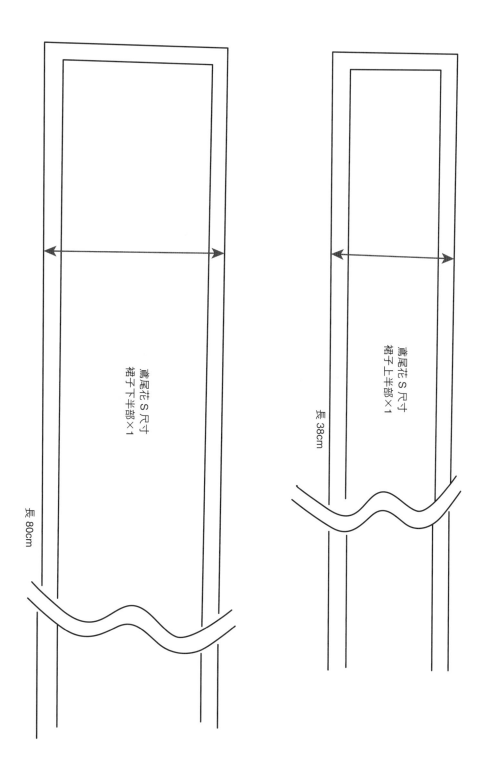

鳶尾花 S 尺寸
裙子下半部×1

長 80cm

鳶尾花 S 尺寸
裙子上半部×1

長 38cm

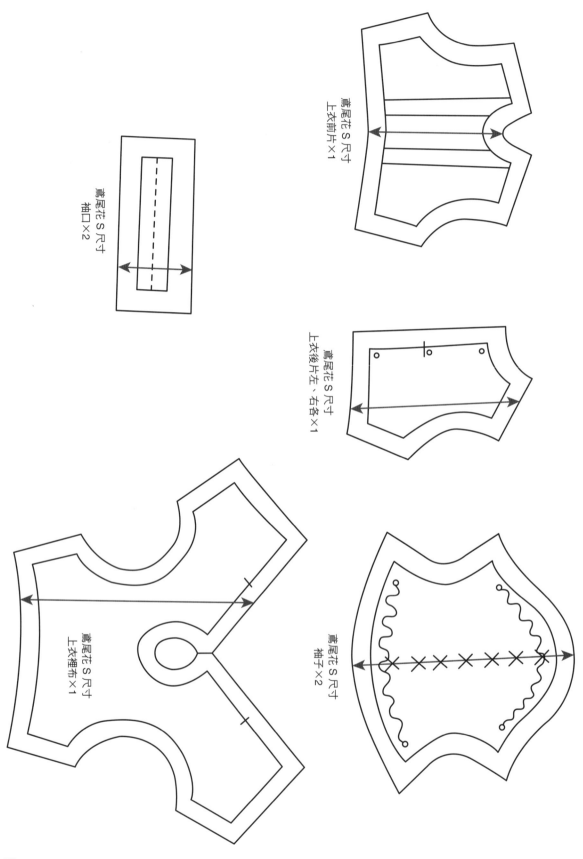

鳶尾花 S 尺寸
上衣前片×1

鳶尾花 S 尺寸
袖口×2

鳶尾花 S 尺寸
上衣後片左、右各×1

鳶尾花 S 尺寸
上衣裡布×1

鳶尾花 S 尺寸
袖子×2

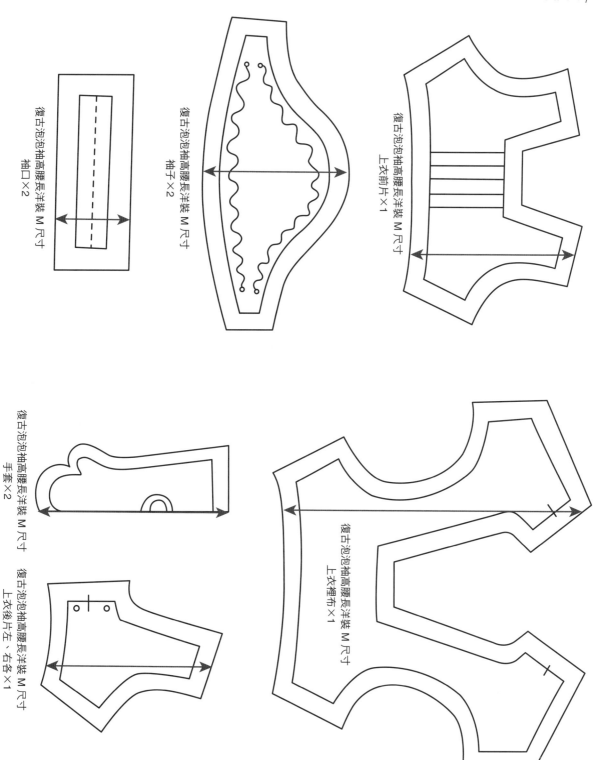

復古泡泡袖高腰長洋裝
柚口×2

復古泡泡袖高腰長洋裝 M 尺寸
柚子×2

復古泡泡袖高腰長洋裝 M 尺寸
上衣前片×1

復古泡泡袖高腰長洋裝 M 尺寸
手套×2

復古泡泡袖高腰長洋裝 M 尺寸
上衣裡布×1

復古泡泡袖高腰長洋裝 M 尺寸
上衣後片左、右各×1

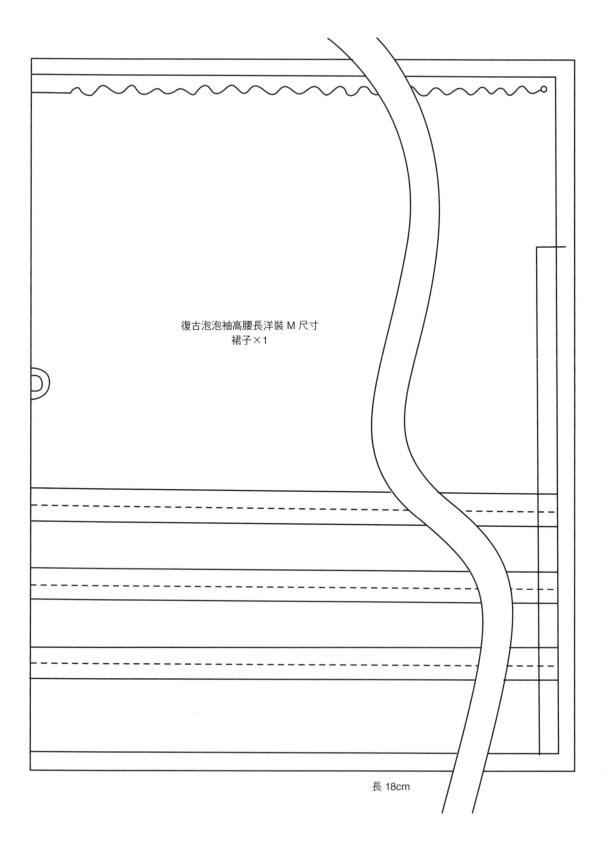

復古泡泡袖高腰長洋裝 M 尺寸
裙子×1

長 18cm

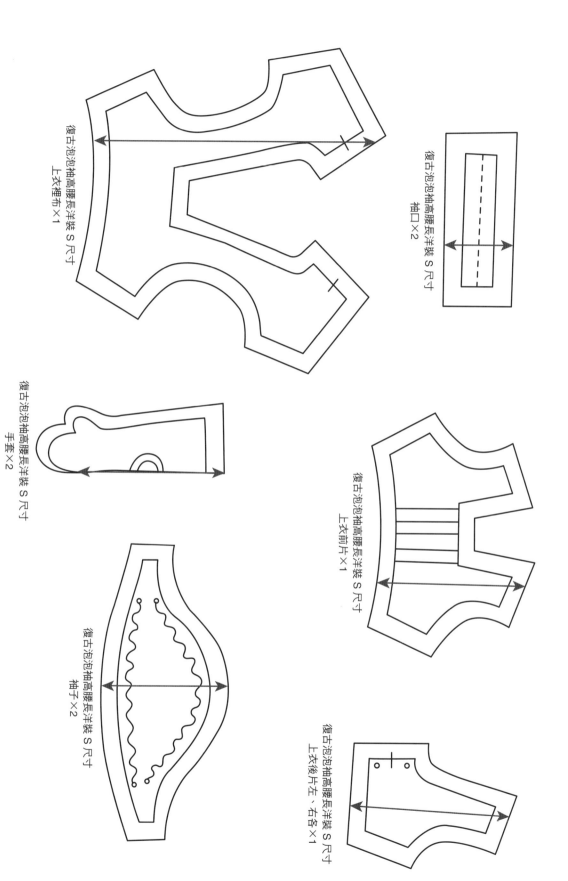

復古泡泡袖高腰長洋裝 S 尺寸
上衣裡布×1

復古泡泡袖高腰長洋裝 S 尺寸
袖口×2

復古泡泡袖高腰長洋裝 S 尺寸
手套×2

復古泡泡袖高腰長洋裝 S 尺寸
上衣前片×1

復古泡泡袖高腰長洋裝 S 尺寸
袖子×2

復古泡泡袖高腰長洋裝 S 尺寸
上衣後片左、右各×1

復古泡泡袖高腰長洋裝 S 尺寸
裙子×1

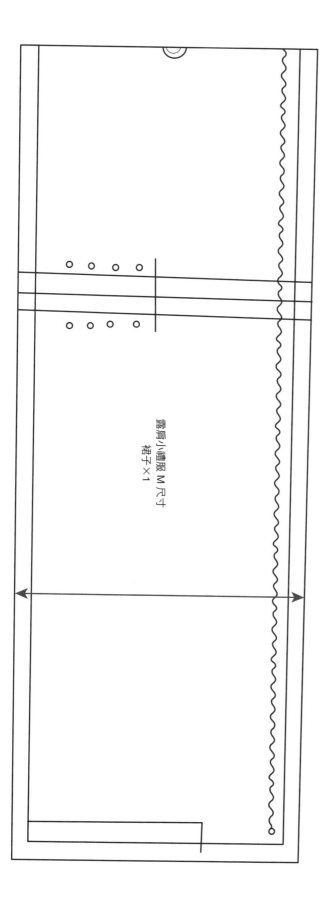

露肩小禮服 M 尺寸
裙子×1

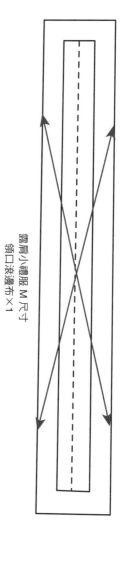

露肩小禮服 M 尺寸
領口滾邊布×1

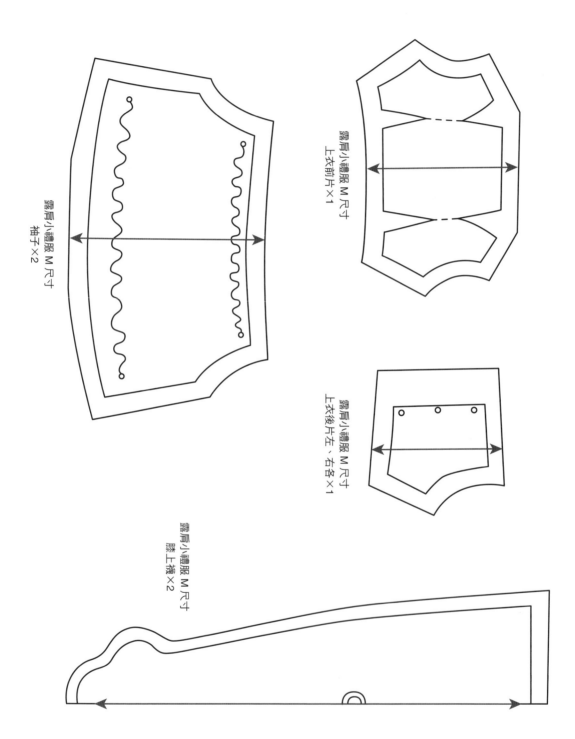

露肩小禮服 M 尺寸
袖子×2

露肩小禮服 M 尺寸
上衣前片×1

露肩小禮服 M 尺寸
上衣後片左、右各×1

露肩小禮服 M 尺寸
膝上襪×2

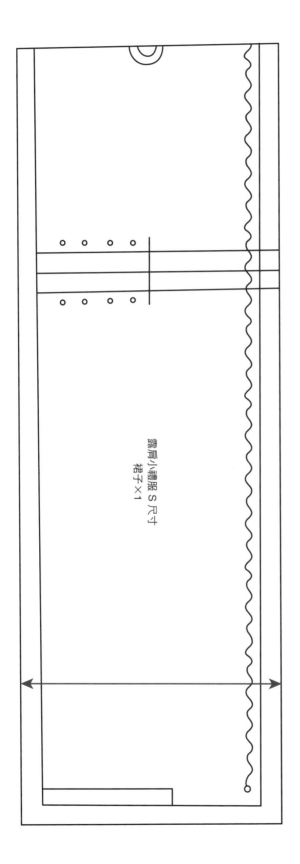

露肩小禮服 S 尺寸
裙子×1

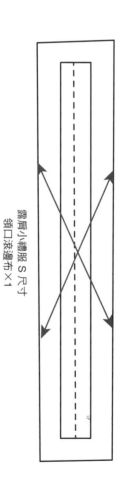

露肩小禮服 S 尺寸
領口滾邊布×1

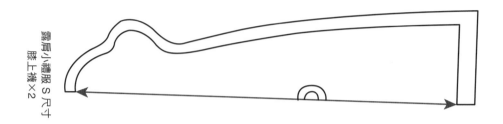

露肩小禮服 S 尺寸
膝上裙×2

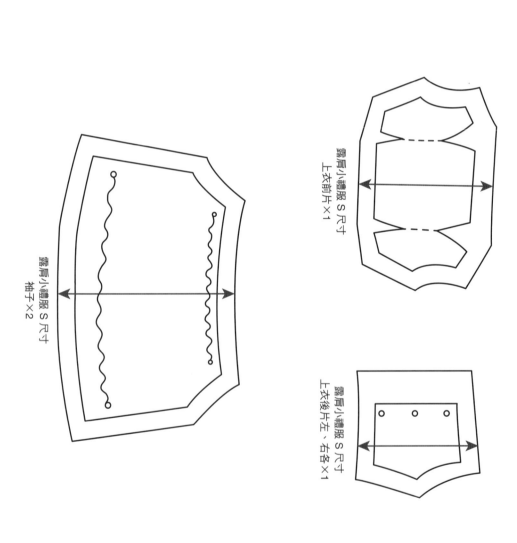

露肩小禮服 S 尺寸
上衣前片×1

露肩小禮服 S 尺寸
袖子×2

露肩小禮服 S 尺寸
上衣後片左、右各×1

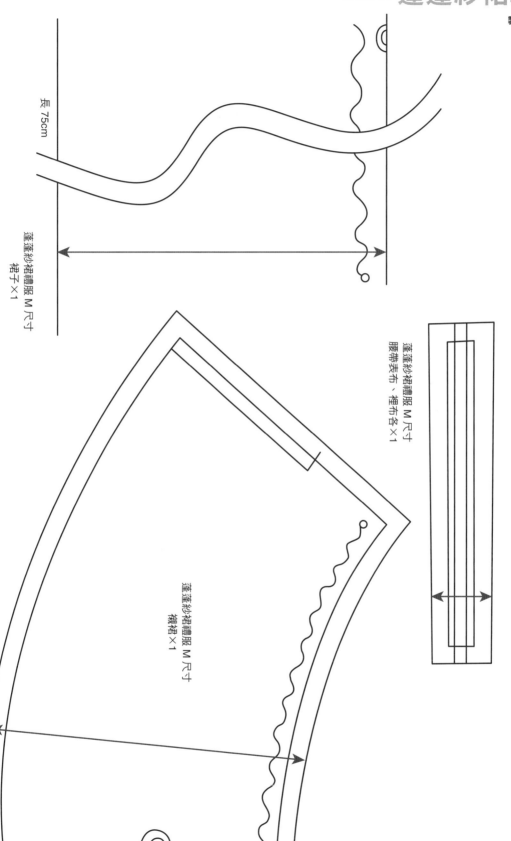

長 75cm

蓬蓬紗裙禮服 M 尺寸
裙子×1

蓬蓬紗裙禮服 M 尺寸
腰帶表布、裡布各×1

蓬蓬紗裙禮服 M 尺寸
襯裙×1

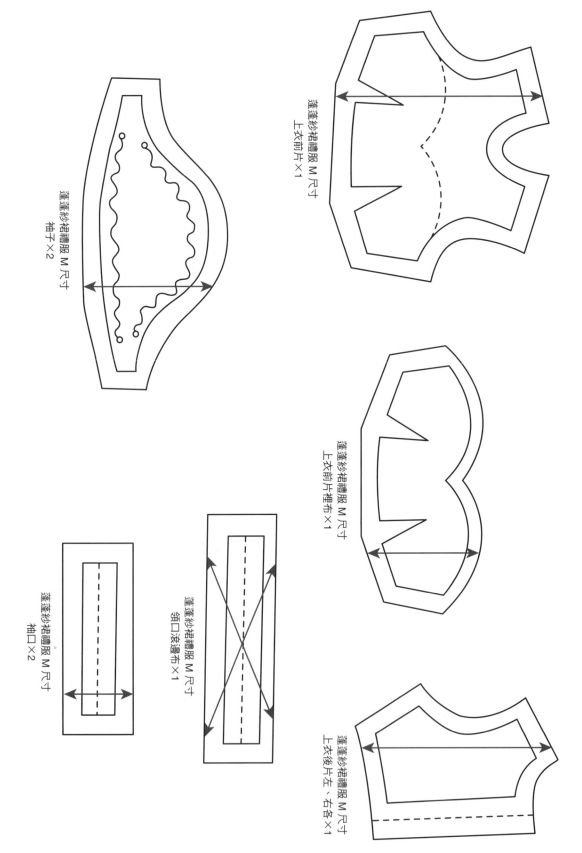

蓬蓬紗裙禮服 M 尺寸
上衣前片×1

蓬蓬紗裙禮服 M 尺寸
袖子×2

蓬蓬紗裙禮服 M 尺寸
上衣前片裡布×1

蓬蓬紗裙禮服 M 尺寸
領口滾邊布×1

蓬蓬紗裙禮服 M 尺寸
袖口×2

蓬蓬紗裙禮服 M 尺寸
上衣後片左、右各×1

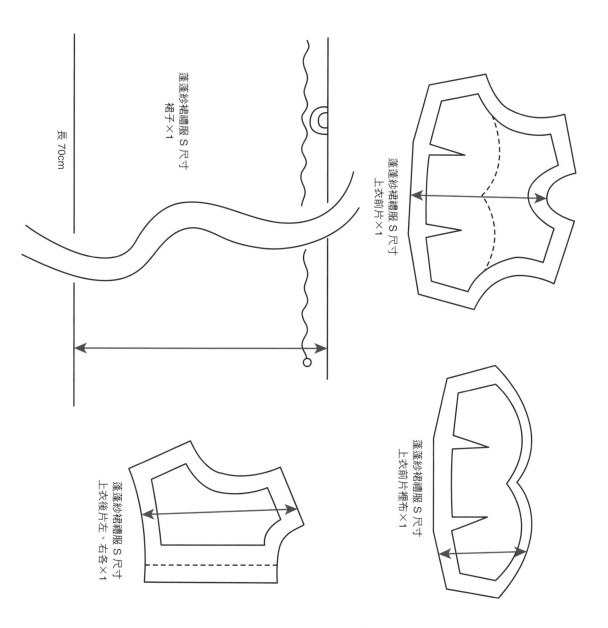

蓬蓬紗裙禮服 S 尺寸
裙子×1

長 70cm

蓬蓬紗裙禮服 S 尺寸
上衣前片×1

蓬蓬紗裙禮服 S 尺寸
上衣前片裡布×1

蓬蓬紗裙禮服 S 尺寸
上衣後片左、右各×1

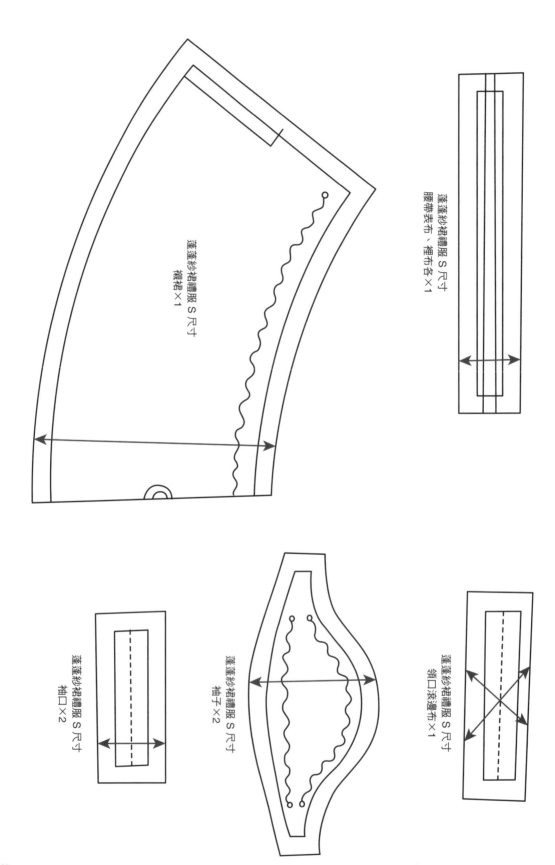

蓬蓬紗裙禮服 S 尺寸
腰帶表布・裡布各×1

蓬蓬紗裙禮服 S 尺寸
襯裙×1

蓬蓬紗裙禮服 S 尺寸
領口滾邊布×1

蓬蓬紗裙禮服 S 尺寸
袖子×2

蓬蓬紗裙禮服 S 尺寸
袖口×2

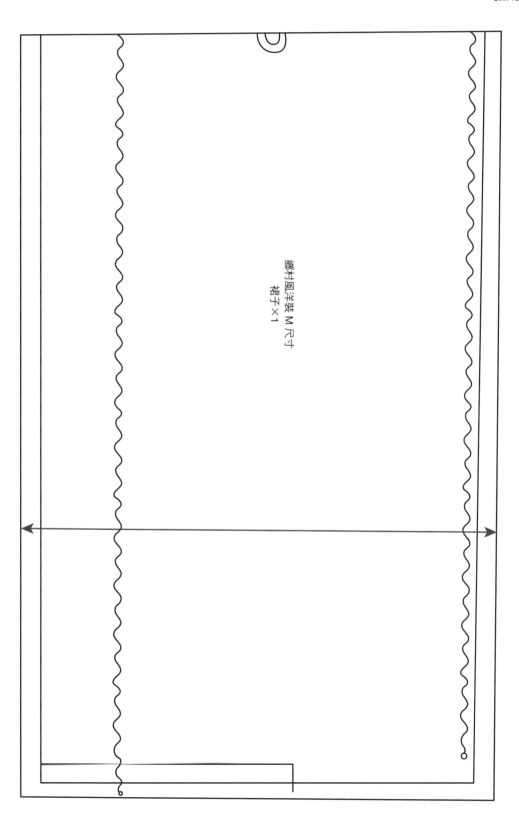

鄉村風洋裝 M 尺寸
裙子×1

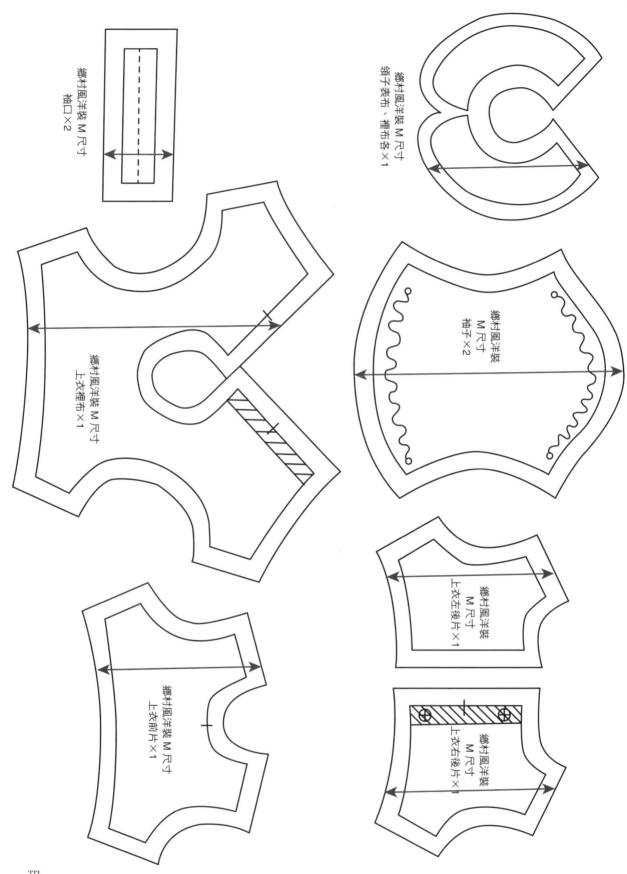

鄉村風洋裝 M 尺寸
袖口×2

鄉村風洋裝 M 尺寸
領子表布、裡布各×1

鄉村風洋裝 M 尺寸
上衣裡布×1

鄉村風洋裝
M 尺寸
袖子×2

鄉村風洋裝
M 尺寸
上衣左後片×1

鄉村風洋裝 M 尺寸
上衣前片×1

鄉村風洋裝
M 尺寸
上衣右後片×1

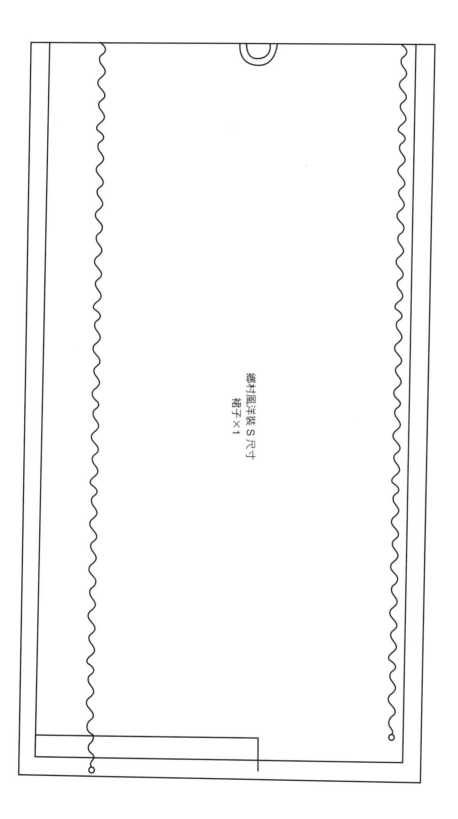

鄉村風洋裝 S 尺寸
裙子×1

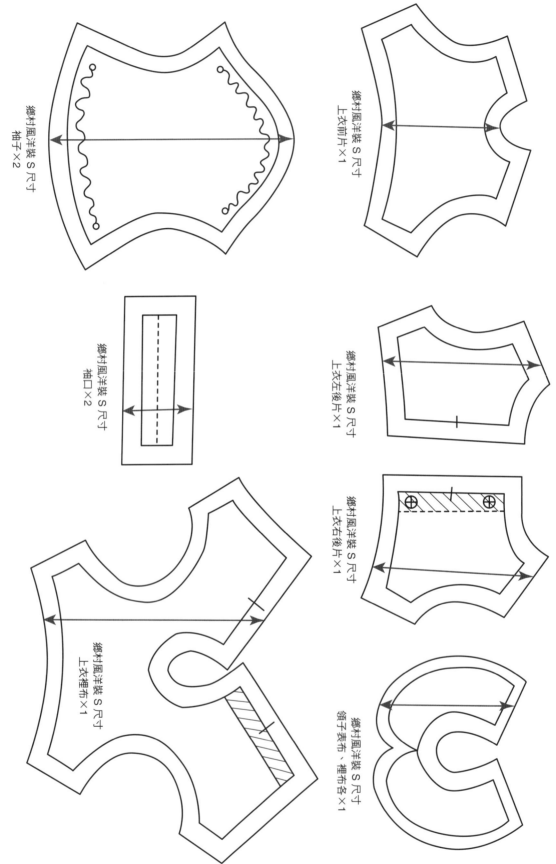

鄉村風洋裝 S 尺寸
袖子×2

鄉村風洋裝 S 尺寸
上衣前片×1

鄉村風洋裝 S 尺寸
袖口×2

鄉村風洋裝 S 尺寸
上衣左後片×1

鄉村風洋裝 S 尺寸
上衣右後片×1

鄉村風洋裝 S 尺寸
上衣裡布×1

鄉村風洋裝 S 尺寸
領子表布、裡布各×1

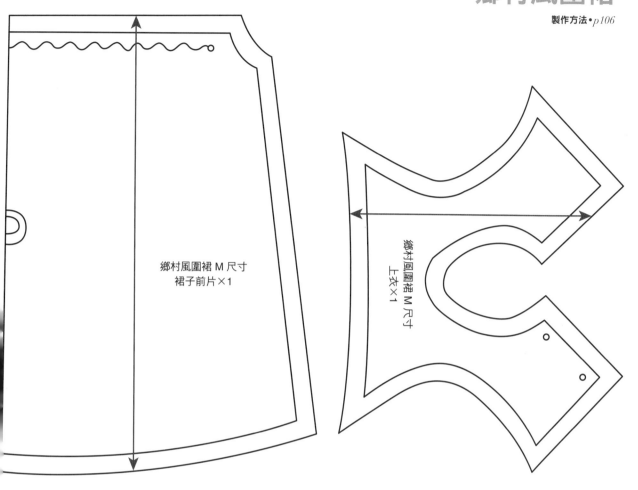

鄉村風圍裙 M 尺寸
裙子前片×1

鄉村風圍裙 M 尺寸
上衣×1

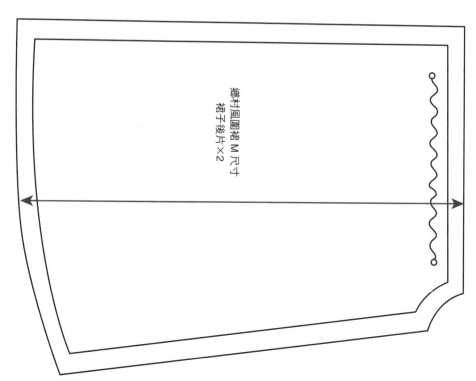

鄉村風圍裙 M 尺寸
裙子後片×2

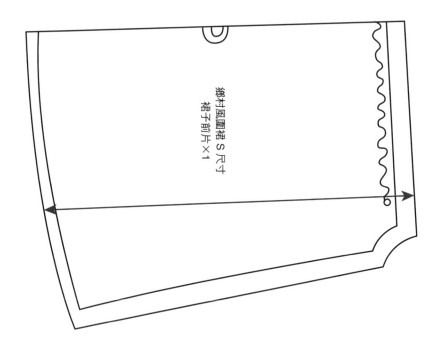

鄉村風圍裙 S 尺寸
裙子前片×1

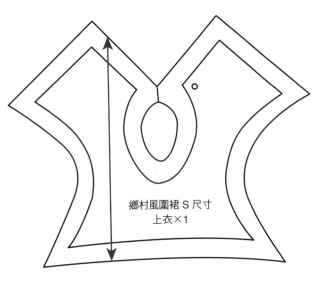

鄉村風圍裙 S 尺寸
上衣×1

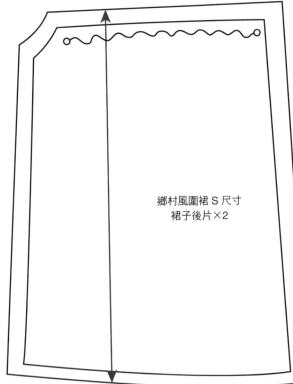

鄉村風圍裙 S 尺寸
裙子後片×2

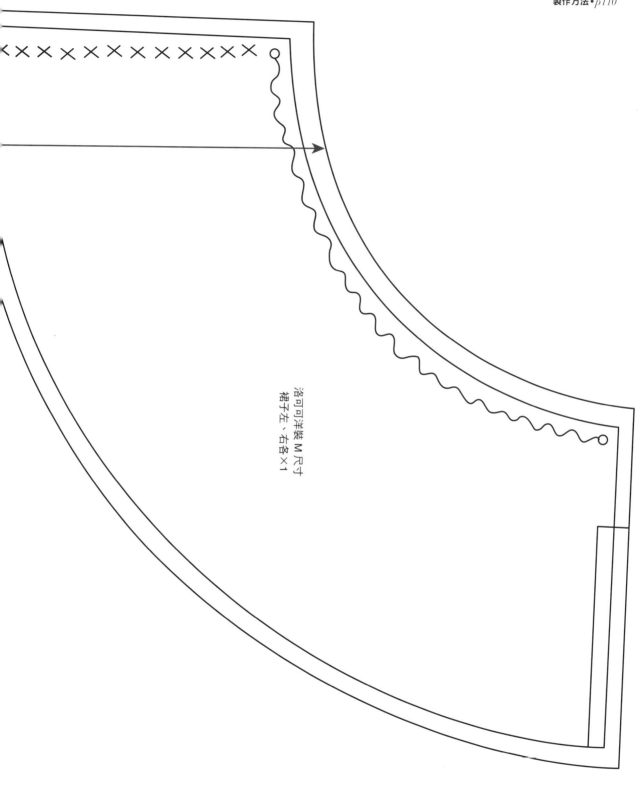

洛可可洋裝 M 尺寸
裙子左、右各×1

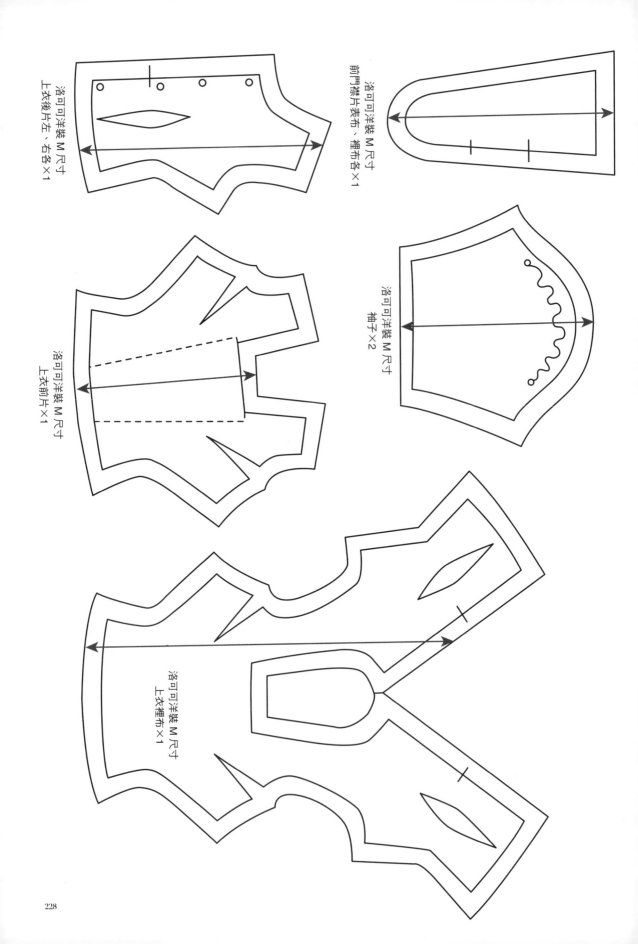

洛可可洋裝 M 尺寸
前門襟片表布、裡布各×1

洛可可洋裝 M 尺寸
上衣後片左、右各×1

洛可可洋裝 M 尺寸
袖子×2

洛可可洋裝 M 尺寸
上衣前片×1

洛可可洋裝 M 尺寸
上衣裡布×1

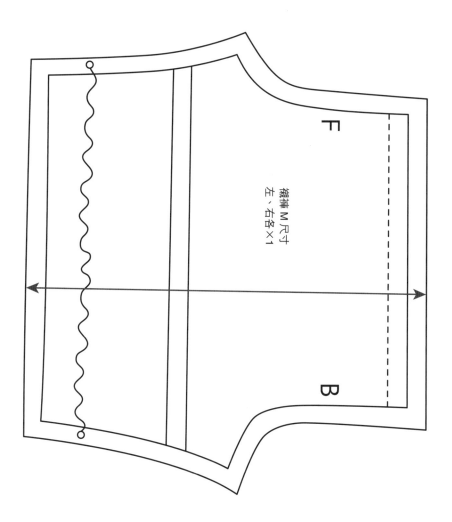

襯褲 M 尺寸
左、右各×1

F

B

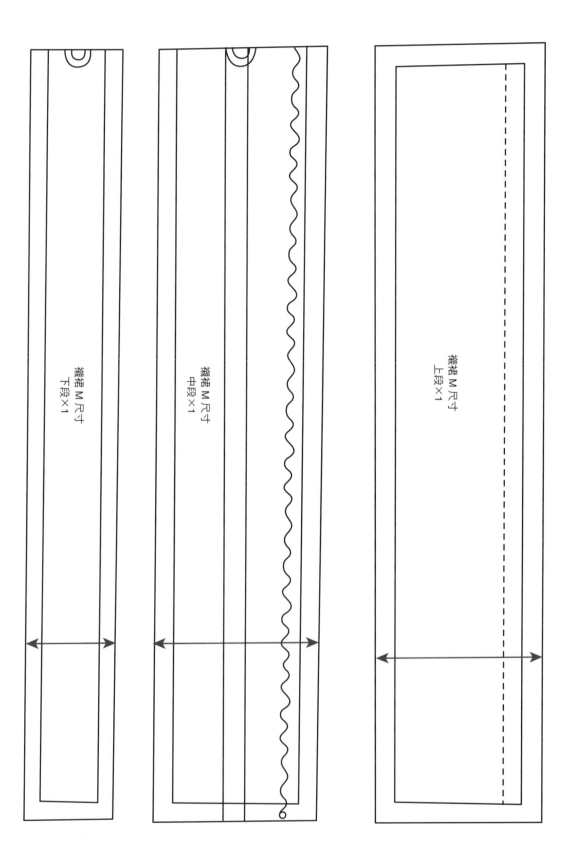

襯裙 M 尺寸
下段×1

襯裙 M 尺寸
中段×1

襯裙 M 尺寸
上段×1

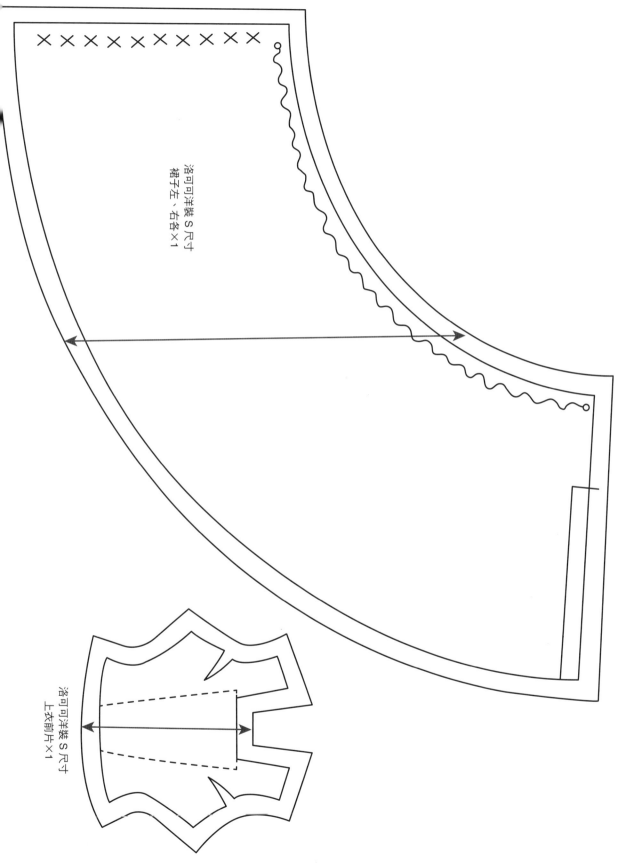

洛可可洋裝 S 尺寸
裙子左、右各×1

洛可可洋裝 S 尺寸
上衣前片×1

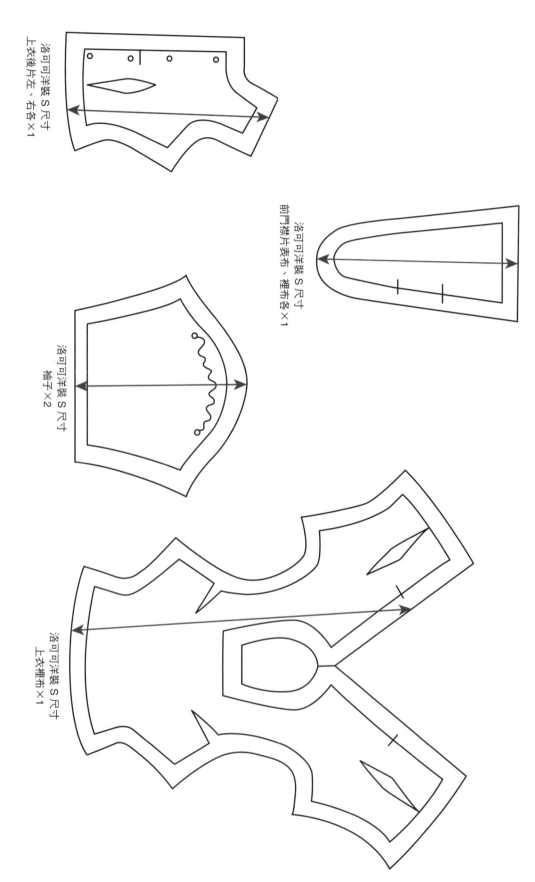

洛可可洋裝 S 尺寸
上衣後片左、右各×1

洛可可洋裝 S 尺寸
前門襟片表布、裡布各×1

洛可可洋裝 S 尺寸
袖子×2

洛可可洋裝 S 尺寸
上衣裡布×1

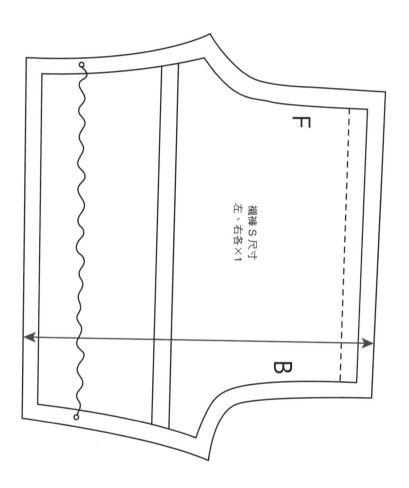

襯褲 S 尺寸
左、右各×1

F

B

襯裙 S 尺寸
下段×1

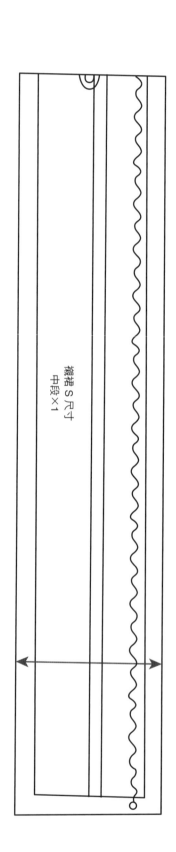

襯裙 S 尺寸
中段×1

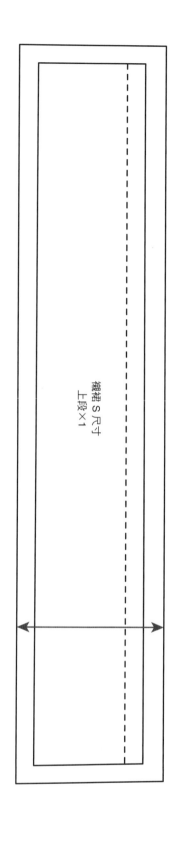

襯裙 S 尺寸
上段×1

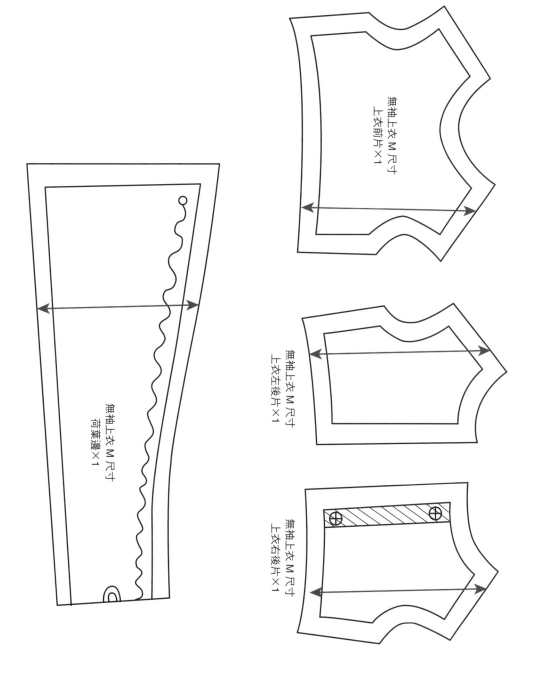

無袖上衣M尺寸
上衣前片×1

無袖上衣M尺寸
上衣左後片×1

無袖上衣M尺寸
上衣右後片×1

無袖上衣M尺寸
荷葉邊×1

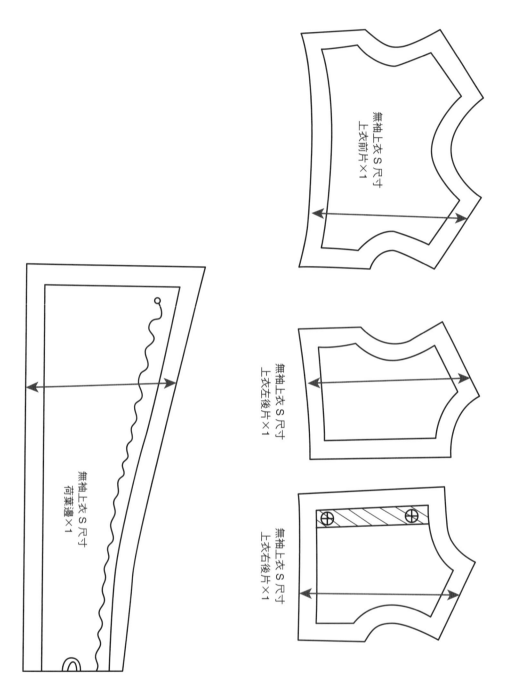

無袖上衣 S 尺寸
上衣前片 ×1

無袖上衣 S 尺寸
上衣左後片 ×1

無袖上衣 S 尺寸
上衣右後片 ×1

無袖上衣 S 尺寸
荷葉邊 ×1

製作方法•p126

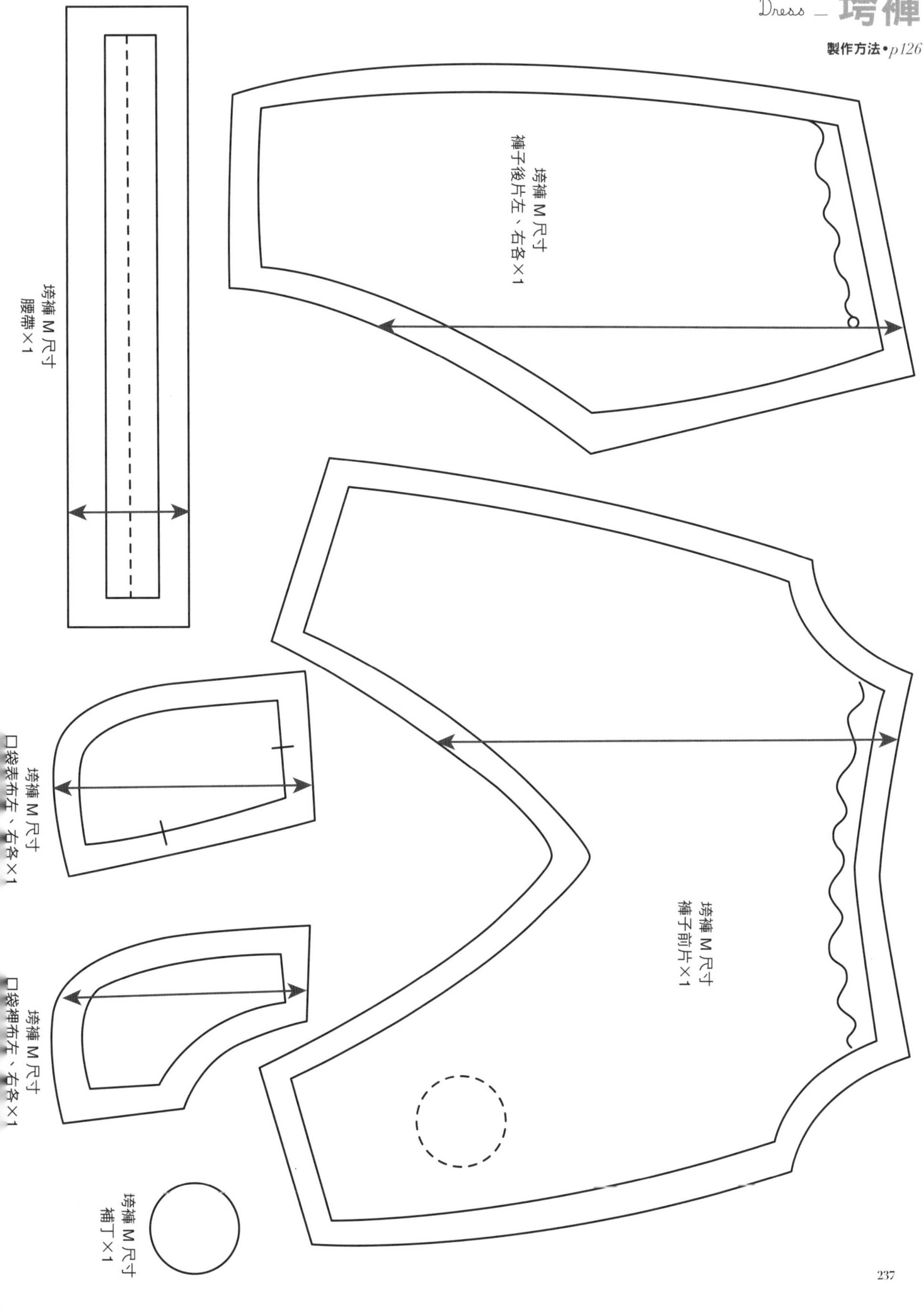
垮褲 M 尺寸
褲子後片左、右各×1
垮褲 M 尺寸
腰帶×1
垮褲 M 尺寸
口袋表布左、右各×1
垮褲 M 尺寸
口袋裡布左、右各×1
垮褲 M 尺寸
褲子前片×1
垮褲 M 尺寸
補丁×1

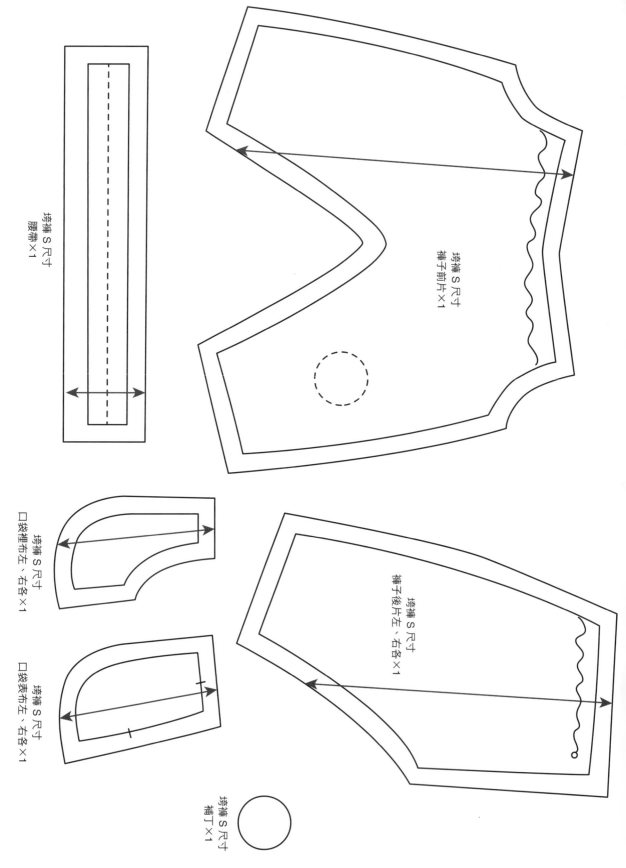

垮褲 S 尺寸
腰帶 ×1

垮褲 S 尺寸
褲子前片 ×1

垮褲 S 尺寸
口袋裡布左、右各 ×1

垮褲 S 尺寸
口袋表布左、右各 ×1

垮褲 S 尺寸
褲子後片左、右各 ×1

垮褲 S 尺寸
桶丁 ×1

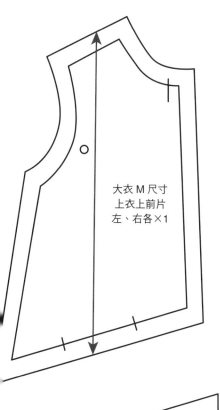

大衣 M 尺寸
上衣上前片
左、右各×1

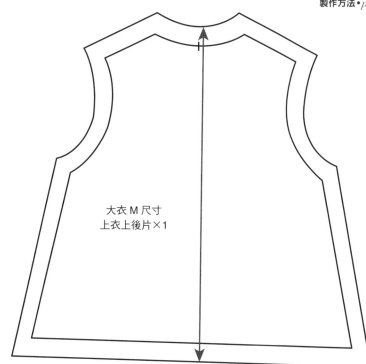

大衣 M 尺寸
上衣上後片×1

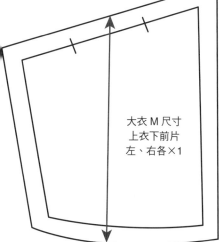

大衣 M 尺寸
上衣下前片
左、右各×1

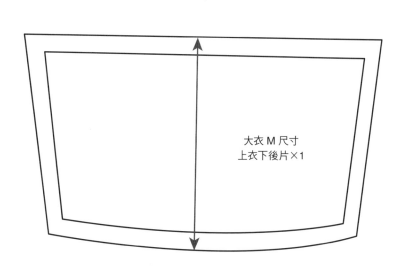

大衣 M 尺寸
上衣下後片×1

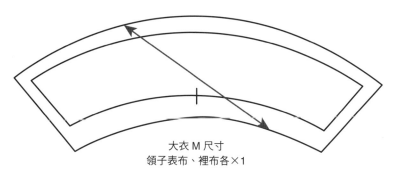

大衣 M 尺寸
領子表布、裡布各×1

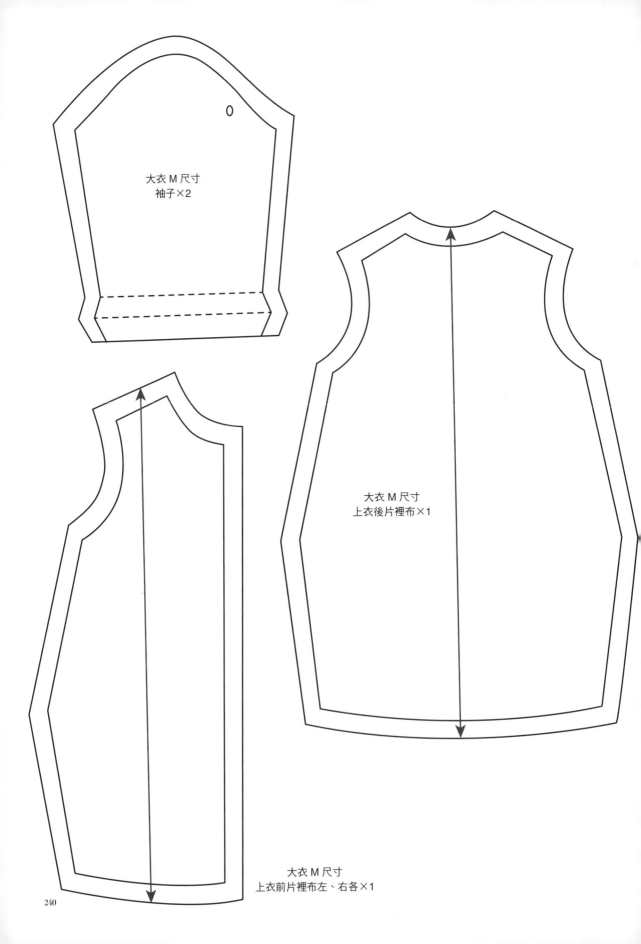

大衣 M 尺寸
袖子×2

O

大衣 M 尺寸
上衣後片裡布×1

大衣 M 尺寸
上衣前片裡布左、右各×1

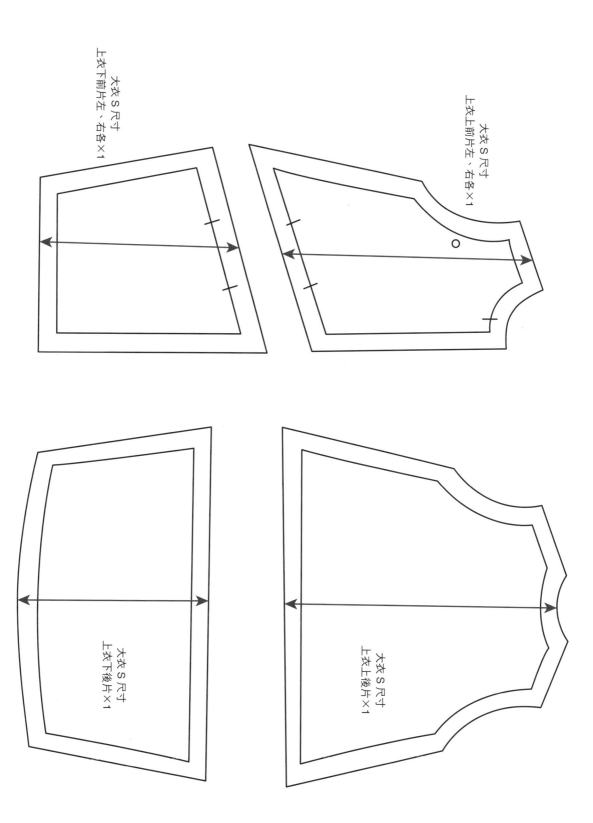

大衣 S 尺寸
上衣上前片左、右各×1

大衣 S 尺寸
上衣下前片左、右各×1

大衣 S 尺寸
上衣上後片×1

大衣 S 尺寸
上衣下後片×1

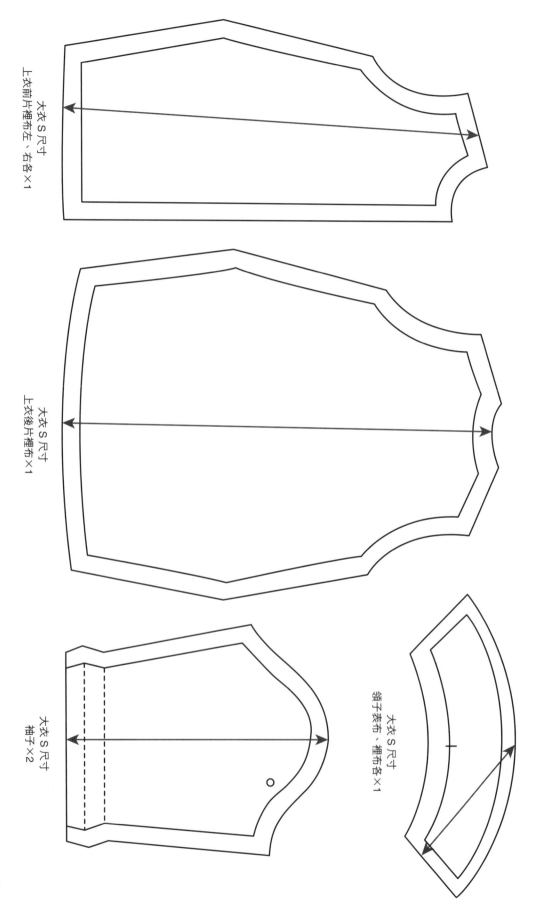

大衣 S 尺寸
上衣前片裡布左、右各×1

大衣 S 尺寸
上衣後片裡布×1

大衣 S 尺寸
領子表布、裡布各×1

大衣 S 尺寸
袖子×2

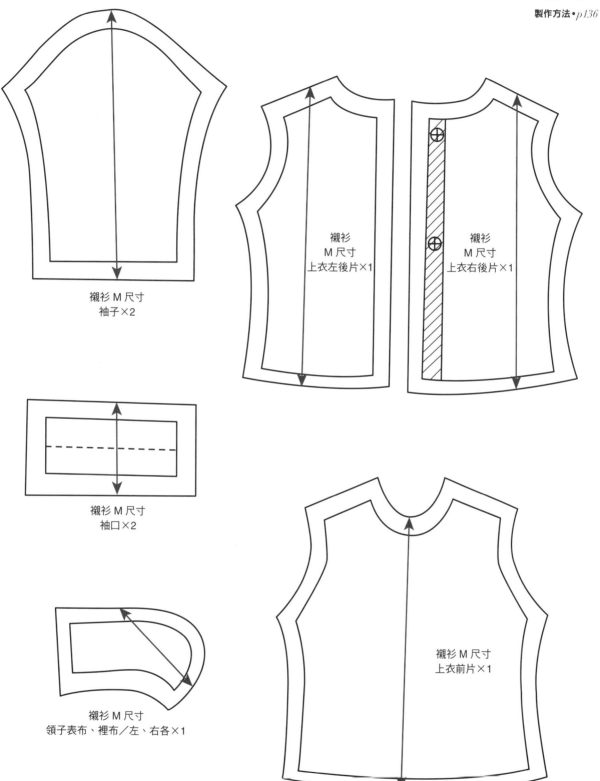

襯衫 M 尺寸
袖子×2

襯衫
M 尺寸
上衣左後片×1

襯衫
M 尺寸
上衣右後片×1

襯衫 M 尺寸
袖口×2

襯衫 M 尺寸
領子表布、裡布／左、右各×1

襯衫 M 尺寸
上衣前片×1

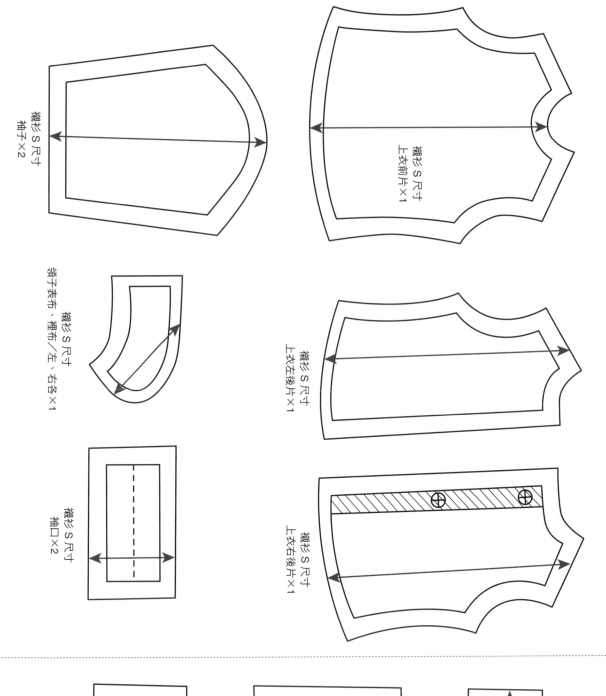

襯衫 S 尺寸
袖子×2

襯衫 S 尺寸
上衣前片×1

領子表布、裡布／左、右各×1
襯衫 S 尺寸

襯衫 S 尺寸
上衣左後片×1

襯衫 S 尺寸
袖口×2

襯衫 S 尺寸
上衣右後片×1

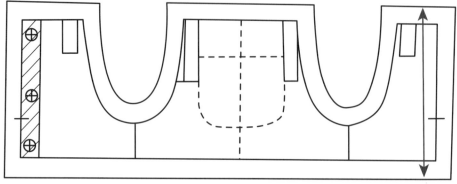

連身褲 M 尺寸
上衣表布、裡布各×1

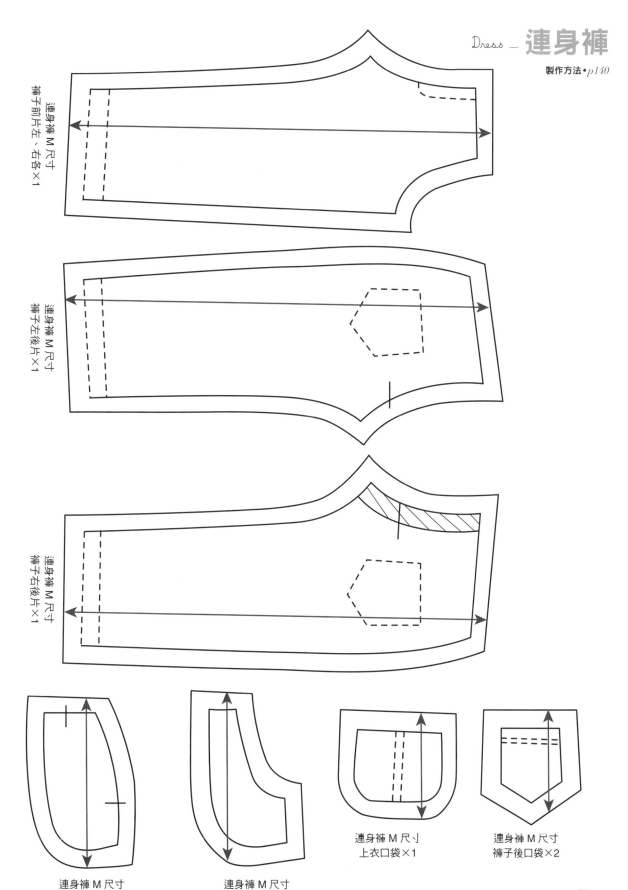

連身褲 M 尺寸
褲子前片左、右各×1

連身褲 M 尺寸
褲子左後片×1

連身褲 M 尺寸
褲子右後片×1

連身褲 M 尺寸
褲子前口袋表布左、右各×1

連身褲 M 尺寸
褲子前口袋裡布左、右各×1

連身褲 M 尺寸
上衣口袋×1

連身褲 M 尺寸
褲子後口袋×2

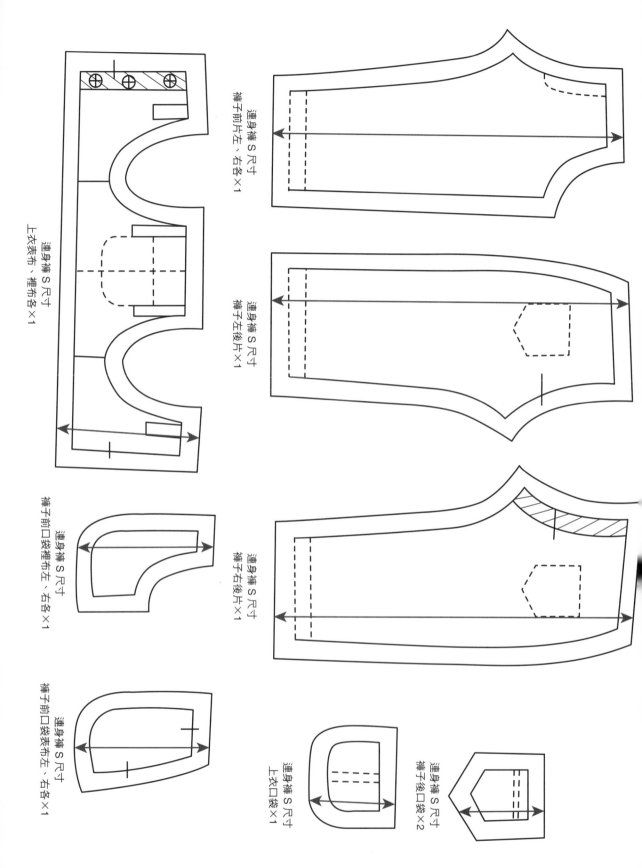

連身褲 S 尺寸
褲子前片左、右各×1

連身褲 S 尺寸
褲子左後片×1

連身褲 S 尺寸
上衣表布、裡布各×1

連身褲 S 尺寸
褲子前口袋裡布左、右各×1

連身褲 S 尺寸
褲子右後片×1

連身褲 S 尺寸
褲子前口袋表布左、右各×1

連身褲 S 尺寸
褲子後口袋×2

連身褲 S 尺寸
上衣口袋×1

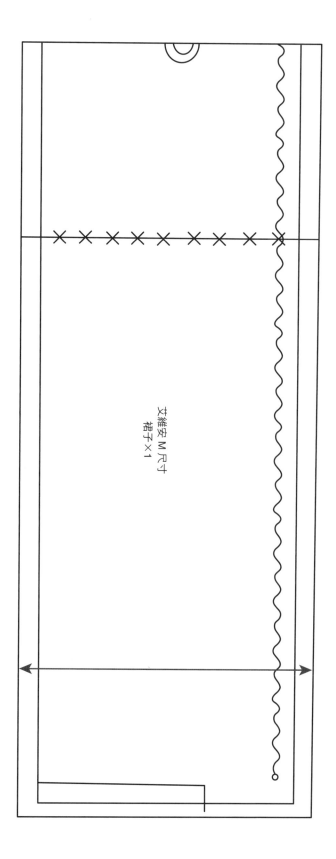

艾維安 M 尺寸
裙子×1

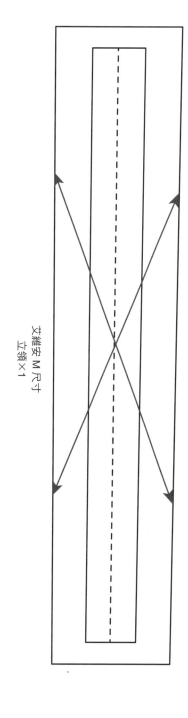

艾維安 M 尺寸
立領×1

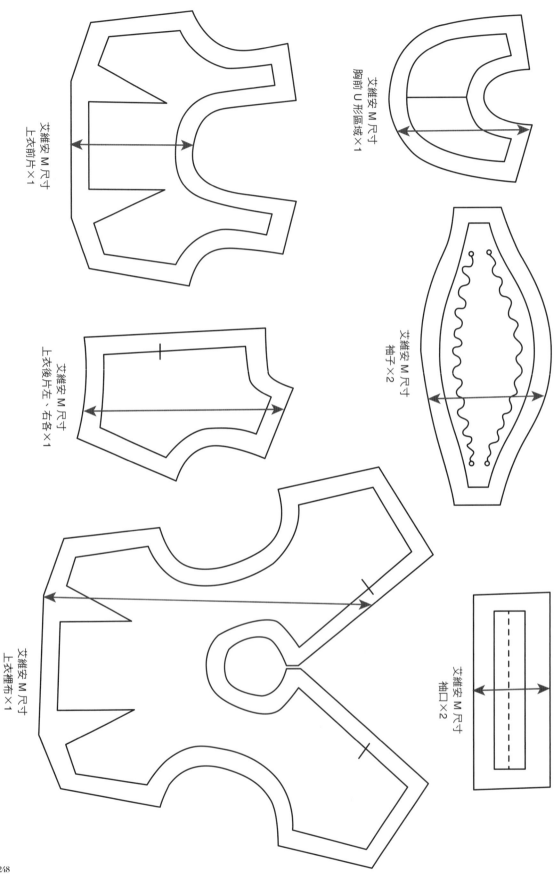

艾維安 M 尺寸
胸前 U 形區域×1

艾維安 M 尺寸
上衣前片×1

艾維安 M 尺寸
袖子×2

艾維安 M 尺寸
上衣後片左、右各×1

艾維安 M 尺寸
上衣裡布×1

艾維安 M 尺寸
袖口×2

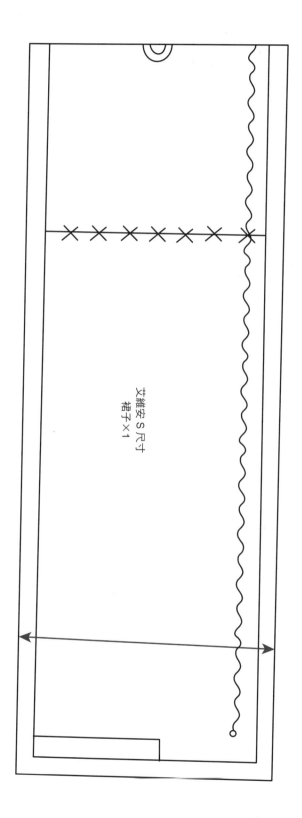

艾維安 S 尺寸
裙子 × 1

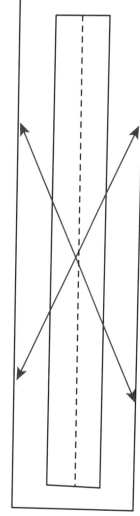

艾維安 S 尺寸
立領 × 1

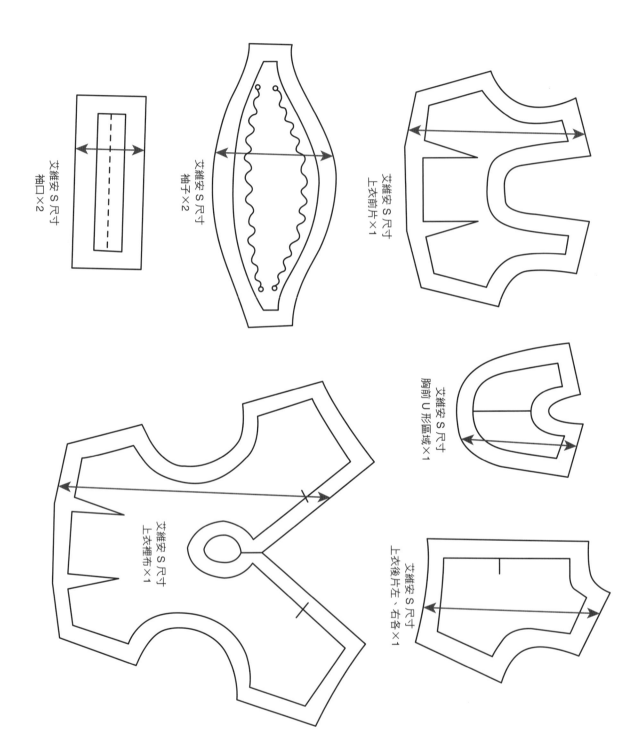

艾維安 S 尺寸
袖子×2

艾維安 S 尺寸
袖口×2

艾維安 S 尺寸
上衣前片×1

艾維安 S 尺寸
胸前 U 形區域×1

艾維安 S 尺寸
上衣裡布×1

艾維安 S 尺寸
上衣後片左、右各×1

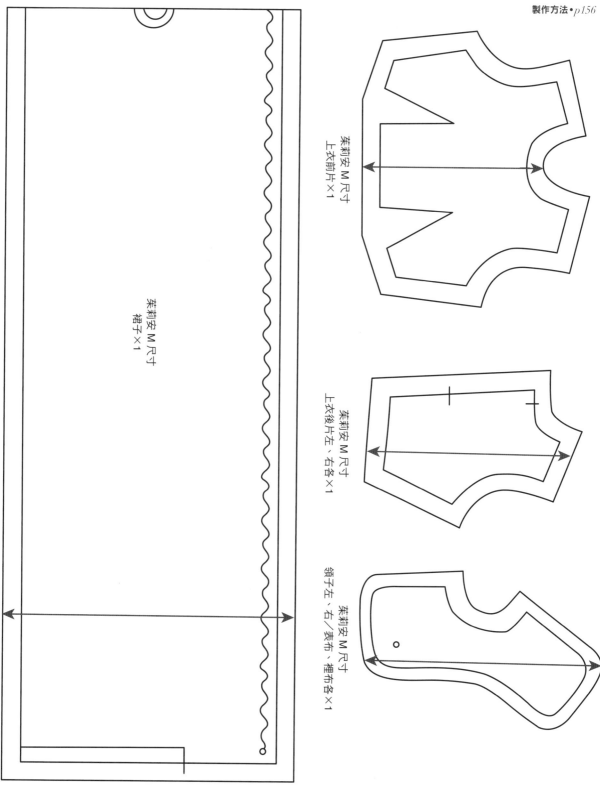

茉莉安 M 尺寸
裙子×1

茉莉安 M 尺寸
上衣前片×1

茉莉安 M 尺寸
上衣後片左、右各×1

茉莉安 M 尺寸
領子左、右／表布、裡布各×1

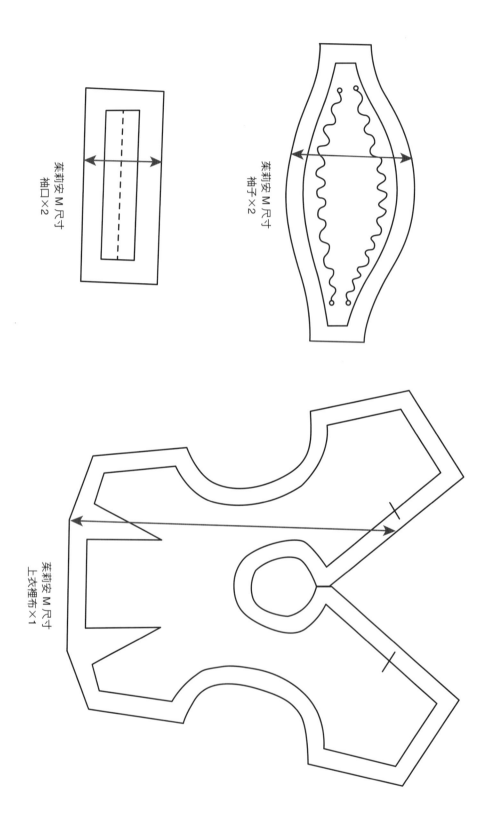

茱莉安 M 尺寸
袖子×2

茱莉安 M 尺寸
袖口×2

茱莉安 M 尺寸
上衣裡布×1

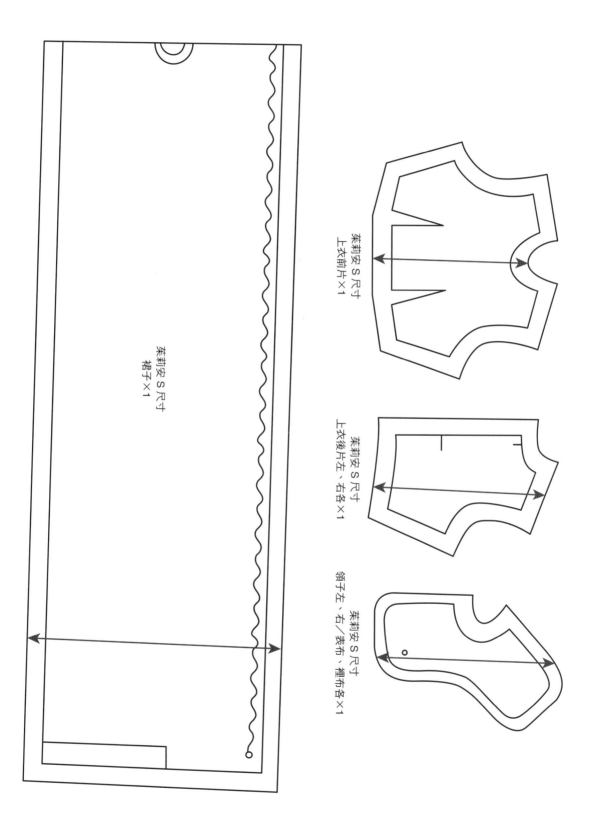

茱莉安 S 尺寸
上衣前片×1

茱莉安 S 尺寸
上衣後片左、右各×1

茱莉安 S 尺寸
領子左、右／表布、襯布各×1

茱莉安 S 尺寸
裙子×1

253

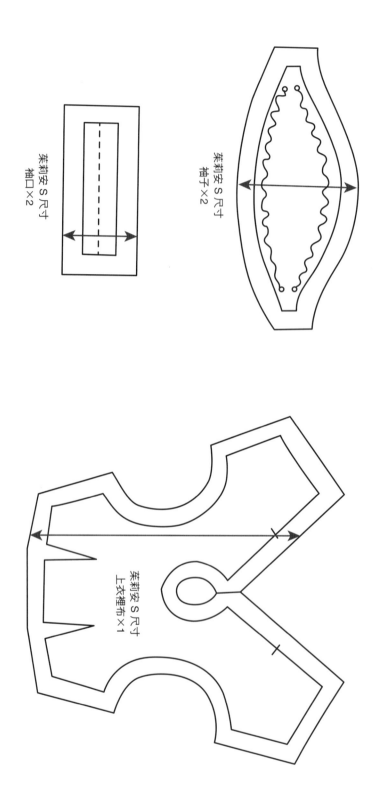

茱莉安 S 尺寸
袖子×2

茱莉安 S 尺寸
袖口×2

茱莉安 S 尺寸
上衣裡布×1

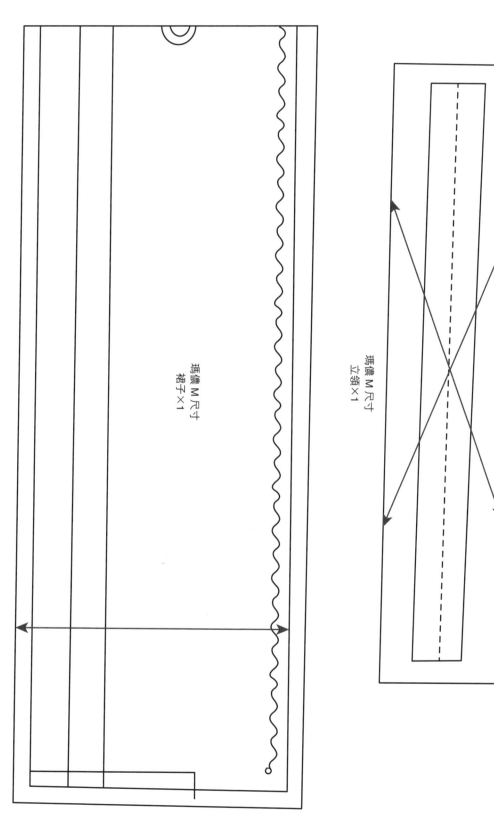

瑪儂 M 尺寸
裙子×1

瑪儂 M 尺寸
立領×1

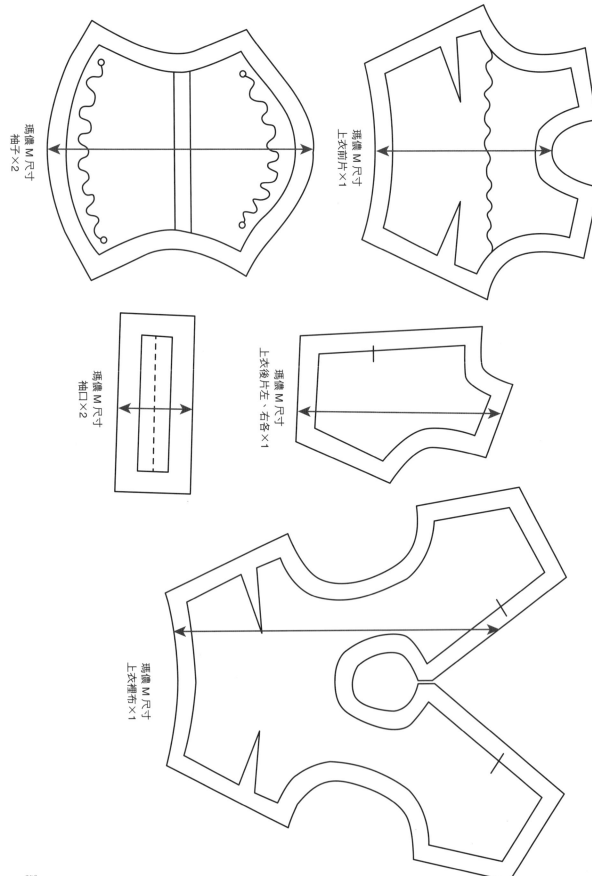

瑪儂 M 尺寸
袖子×2

瑪儂 M 尺寸
上衣前片×1

瑪儂 M 尺寸
袖口×2

瑪儂 M 尺寸
上衣後片左‧右各×1

瑪儂 M 尺寸
上衣裡布×1

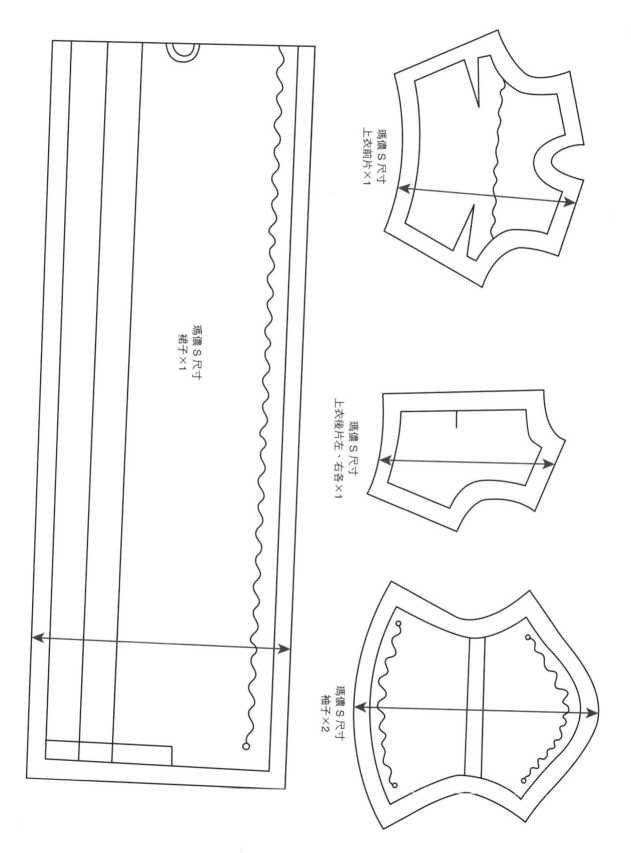

瑪儂 S 尺寸
裙子 ×1

瑪儂 S 尺寸
上衣前片 ×1

瑪儂 S 尺寸
上衣後片左、右各 ×1

瑪儂 S 尺寸
袖子 ×2

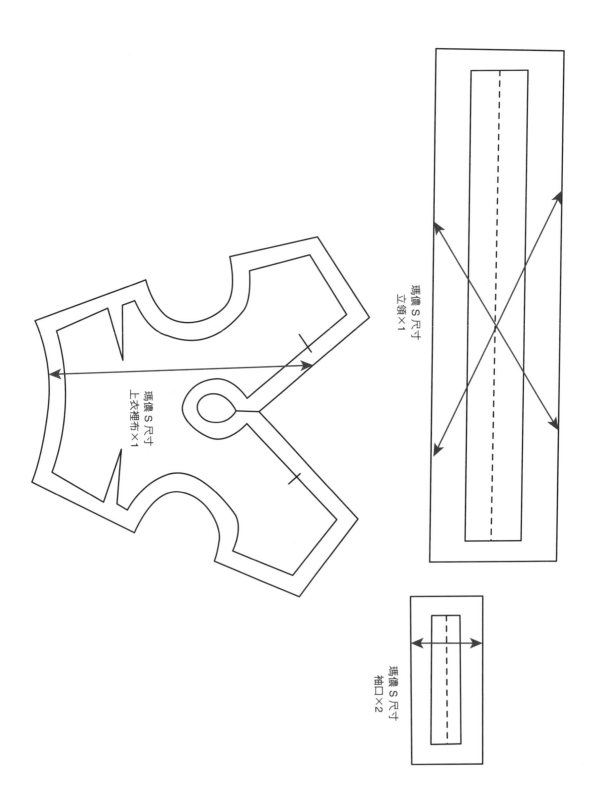

瑪儂 S 尺寸
立領×1

瑪儂 S 尺寸
上衣裙布×1

瑪儂 S 尺寸
袖口×2

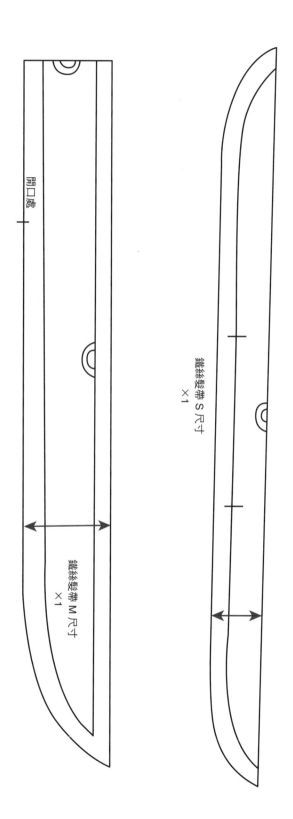

開口處

鐵絲髮帶 S 尺寸
×1

鐵絲髮帶 M 尺寸
×1

Dress — 綁帶軟帽

製作方法•p176

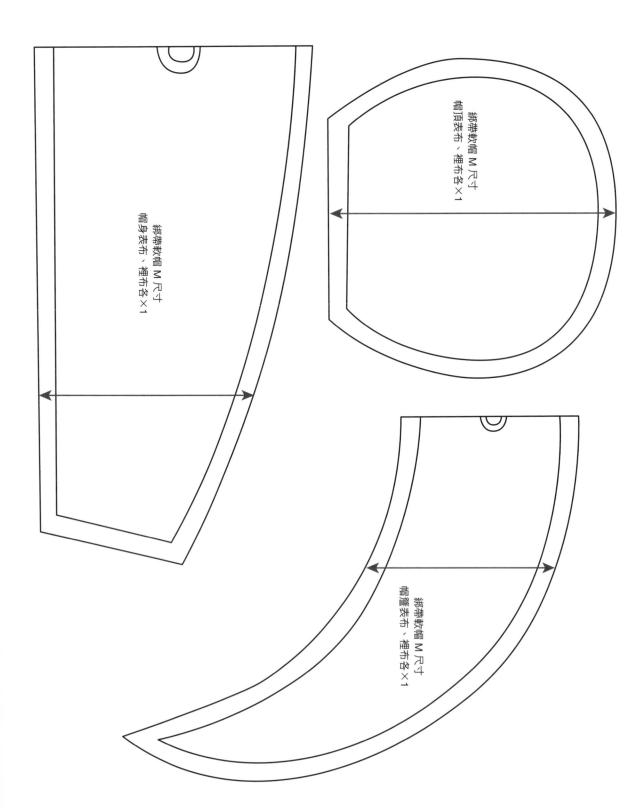

綁帶軟帽 M 尺寸
帽頂表布、裡布各×1

綁帶軟帽 M 尺寸
帽身表布、裡布各×1

綁帶軟帽 M 尺寸
帽簷表布、裡布各×1

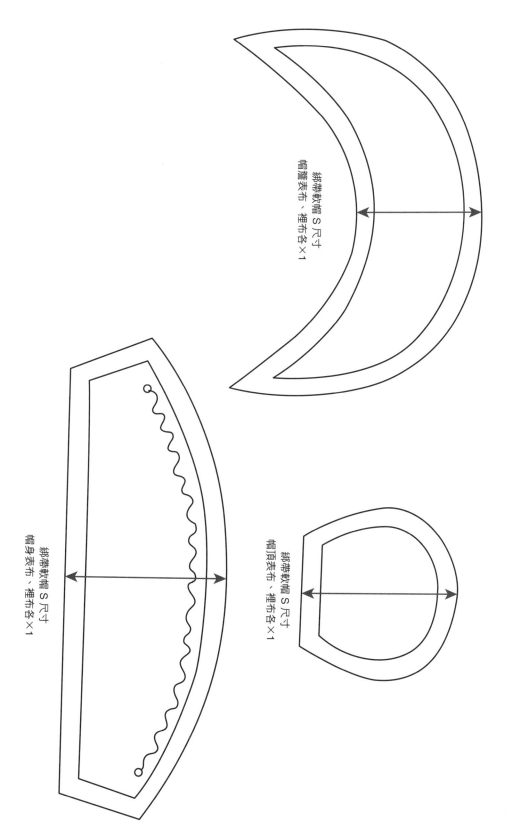

綁帶軟帽 S 尺寸
帽簷表布、裡布各×1

綁帶軟帽 S 尺寸
帽頂表布、裡布各×1

綁帶軟帽 S 尺寸
帽身表布、裡布各×1

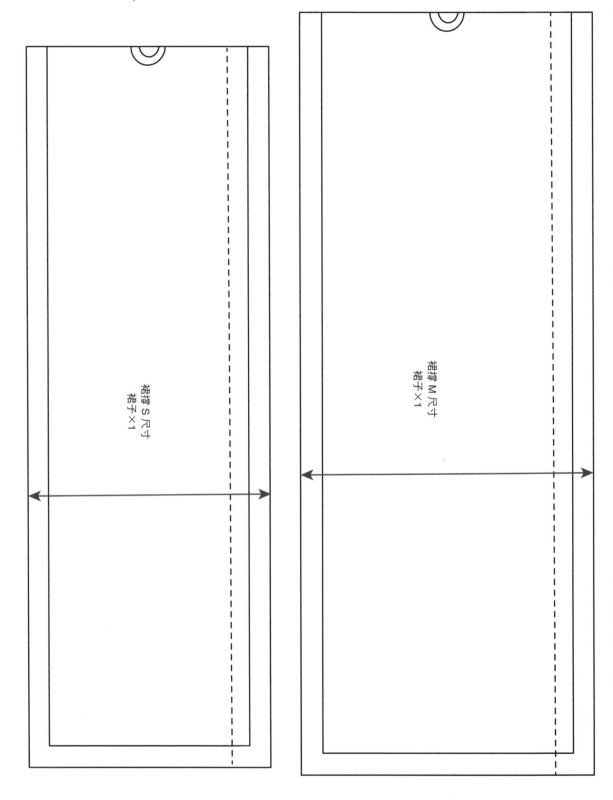

裙撐 S 尺寸
裙子×1

裙撐 M 尺寸
裙子×1

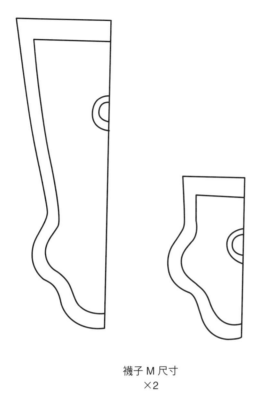

襪子 M 尺寸
×2

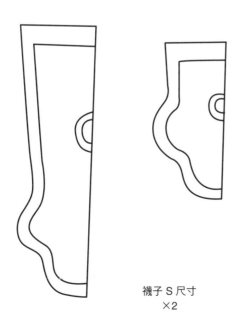

襪子 S 尺寸
×2

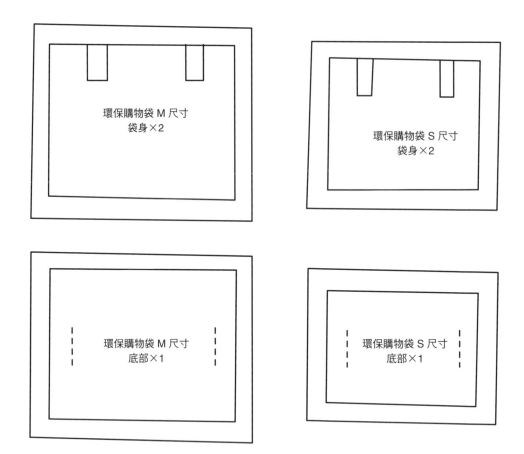

環保購物袋 M 尺寸
袋身×2

環保購物袋 S 尺寸
袋身×2

環保購物袋 M 尺寸
底部×1

環保購物袋 S 尺寸
底部×1

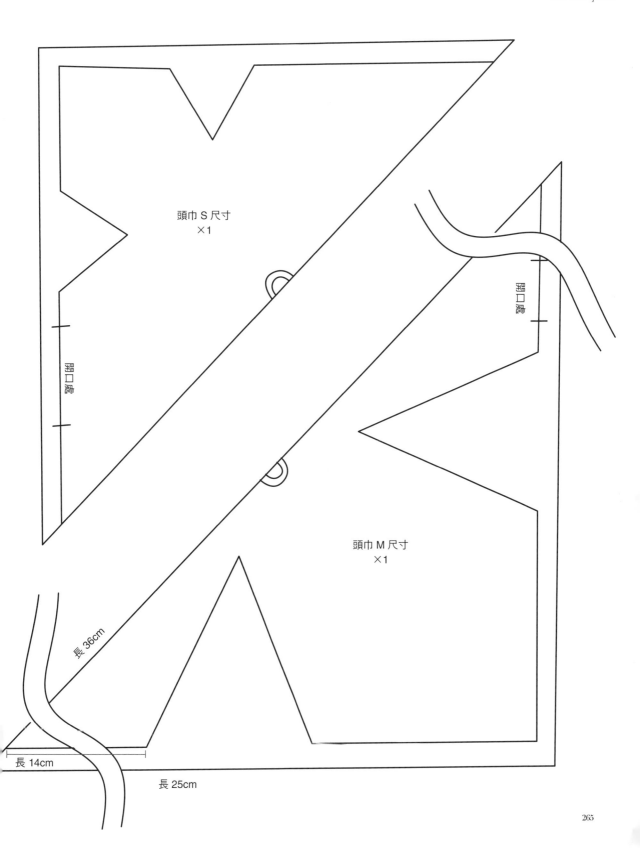

頭巾 S 尺寸
×1

開口處

開口處

頭巾 M 尺寸
×1

長 36cm

長 14cm

長 25cm

製作方法•_p190_

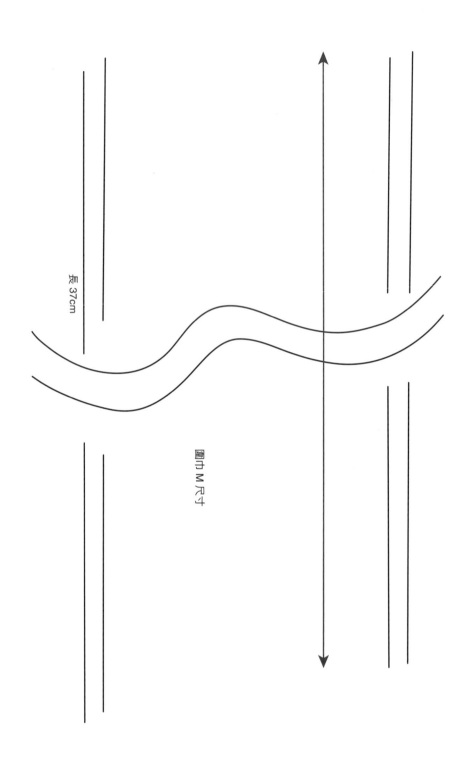

長 37cm

圍巾 M 尺寸

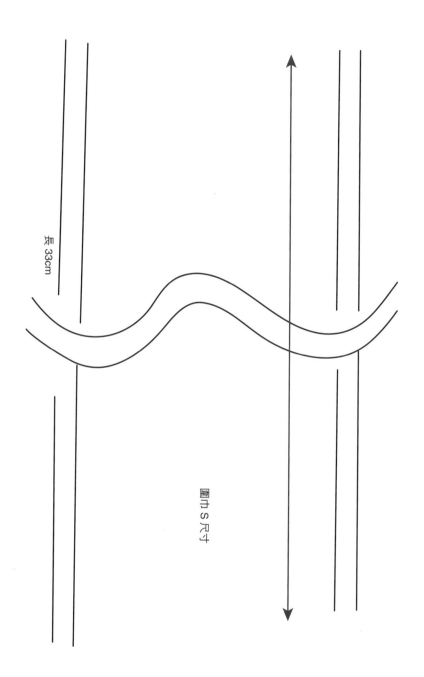

長 33cm

圍巾 S 尺寸

國家圖書館出版品預行編目資料

Y.J. Sarah娃娃服裝裁縫工坊：想要跟著Y.J. Sarah
  做娃娃服裝和配件 / 崔睿晋作；陳采宜翻譯. --
新北市：北星圖書, 2019.6
  面；　公分
  ISBN 978-957-9559-12-6(平裝)

1.洋娃娃 2.手工藝

426.78   108004017

想要跟著Y.J. Sarah做娃娃服裝和配件

Y.J. Sarah娃娃服裝裁縫工坊

作　　者／崔睿晋
翻　　譯／陳采宜
發 行 人／陳偉祥
出　　版／北星圖書事業股份有限公司
地　　址／234新北市永和區中正路458號B1
電　　話／886-2-29229000
傳　　真／886-2-29229041
網　　址／www.nsbooks.com.tw
E-MAIL／nsbook@nsbooks.com.tw
劃撥帳戶／北星文化事業有限公司
劃撥帳號／50042987
製版印刷／皇甫彩藝印刷股份有限公司
出 版 日／2019年6月
I S B N／978-957-9559-12-6
定　　價／650 元

如有缺頁或裝訂錯誤，請寄回更換。